青少年 科普图书馆

U0395641

世界科普巨匠经典译丛 · 第五辑

走向光明

（苏）米·伊林 著　丁荣立 编译

上海科学普及出版社

图书在版编目（ＣＩＰ）数据

走向光明 /（苏）米·伊林著；丁荣立编译 .—上海：上海科学普及出版社，2015.1（2021.11 重印）

（世界科普巨匠经典译丛·第五辑）

ISBN 978-7-5427-6283-2

Ⅰ.①走… Ⅱ.①米… ②丁… Ⅲ.①自然科学史—世界—科普读物 Ⅳ.① N091-49

中国版本图书馆 CIP 数据核字 (2014) 第 240983 号

责任编辑：李　蕾

世界科普巨匠经典译丛·第五辑

走向光明

（苏）米·伊林 著　丁荣立 编译

上海科学普及出版社出版发行

（上海中山北路 832 号 邮编 200070）

http://www.pspsh.com

各地新华书店经销　三河市金泰源印务有限公司印刷

开本 787×1092 1/12　印张 14　字数 168 000

2015 年 1 月第 1 版　2021 年 11 月第 2 次印刷

SBN 978-7-5427-6283-2　定价：32.80 元

目 录

第04章　人类前进的脚步

第05章　记录历史的新方法

第 01 章

·旧日里的知识·

历史不过是一个轮回，过去，又过来。8世纪的时候，阿拉伯人从自己的地盘向西行进到达了比利牛斯山脉；而到了11世纪的时候，十字军又循着阿拉伯人西行的踪迹向东走到了耶路撒冷。

世界的版图重新扩大

　　十字军侵占了整个巴勒斯坦。一个新的王国——耶路撒冷王国建立了。在这个王国中，法兰西人、英吉利人、意大利人、日耳曼人、希腊人以及亚美尼亚人比邻而居。西方骑士们喜爱的建筑——有着高低不平成墙垣的城堡和各种钟塔，在郁郁葱葱的橄榄林和翠绿的葡萄园之间不断涌现。而出入宫廷里的王公贵族们，也出现了各种稀奇古怪的头衔。他们有来自加利利[1]的公爵，有来自雅法的伯爵，甚至还有来自西顿[2]的领主。这些王公贵族们各自拥有广阔的领地，领地上叙利亚农奴们在辛勤劳作。

　　在迦南人（Canaan）居住的古城苏尔里，能工巧匠们正在吹制贵重的玻璃餐具。他们依然沿用流传了上千年的土方法，从蜗牛身上提取如葡萄酒样的紫红色颜料。在繁华的苏尔大街上，不同肤色、不同装束、不同方言、不同民族的人混居在一起。当然，还是威尼斯人最多，

▲ 十字军攻占耶路撒冷

占1/3。他们还有自己的社区、集市、教堂，甚至货运站、浴室和面包房。

　　不论是威尼斯人，法兰西人，还是英吉利人，谁都想在遥远的东方也一样拥有故园那样的生活。他们都想与外族人，特别是不同信仰的人隔离开，

1　现以色列北部的一个地区。
2　现黎巴嫩东部一个地区。

自成一体。但要做到这一点谈何容易。想当年，他们是那么厌恶撒拉逊人和那些穆斯林人。可他们进入苏尔城后，不久就与这些厌恶的人共处了，不少人还娶了穆斯林女人为妻，生儿育女了呢。他们也学会了当地一些词汇，比如"卡夫坦[1]"、"布尔努斯[2]"、"毛丝绫[3]"、"菲斯塔什加[4]"。这些词语也越来越频繁地出现在了他们的交流中。为了和那些信仰并不相同的穆斯林人交易，信仰基督教的领主们不得不在铸造的金币上面印上《古兰经》的箴言。

苏丹原本是这些信仰基督的人们的敌人，但现在苏丹却可以从意大利的大商船上面获得奴隶和武器。

罗马教皇颁布了禁止和撒拉逊人进行贸易的诏书，但是这个诏书并不能够被信仰基督教的人们所执行。许许多多的船只装满了调味料、颜料、丝绸、葡萄酒、糖等贵重货物，从叙利亚驶向热那亚；商队为了进行贸易横越了宽广的叙利亚沙漠；日耳曼商人翻越阿尔卑斯山隘到意大利去贩运来自东方的货物。罗马教皇的诏书并不能阻碍这些活动。

历史不过是一个轮回，过去，又过来。8世纪的时候，阿拉伯人从自己的地盘向西行进到达了比利牛斯山脉；而到了11世纪的时候，十字军又循着阿拉伯人西行的踪迹向东走到了耶路撒冷。

其实历史也仅仅是一个轮回而已，但是经过了这个轮回之后，这个世界却有了翻天覆地的变化。或许各个国家的人因为地域间隔而生疏，或许各个国家的人因为信仰不同而对立，但从此之后，他们却会彼此熟悉许多。

时间并没有那么远，只是在不久之前，法兰西和日耳曼的骑士还喜欢蜗居在自己的城堡里，就好像动物喜欢一直盘踞在自己的领地之内一样。整个世界对他们来说是陌生的，而对于其他国家的理解也只是存在于传说之中。那些著名的城市也是听说过的，比如耶路撒冷、罗马或者君士坦丁堡，仅限

---

1 卡夫坦音译是阿拉伯人穿的一种长袍，带有长襟的外衣。
2 布尔努斯音译是指阿拉伯人穿的一种带有风帽的斗篷外套。
3 毛丝绫音译是指一种薄棉布。
4 菲斯塔什加音译指的是阿月浑子果，也称为胡榛子，可以榨油或者食用。

于听说罢了，因为他们并不了解这些城市到底是什么样的城市，有着怎样的自然风光和人文历史。在他们的心中，这些城市和那些神话之中的城市都是同样存在的，都是传说罢了，并没有什么不同。这个世界上不仅有那些城市，还有着头上长角，手上长狮爪的人住在大地边缘某处一个没有太阳也没有月亮的地方。

那些偶尔路过他们城堡的过客会把自己在这个世界上看到的东西描述给骑士听，而这些过客不过是在各处旅行的商人和那些四处传教修行的僧侣罢了。那些习惯在各处旅行的商人和僧侣把自己想象之中的东西和他们的所见所闻混杂在一起讲述给城堡里的骑士。商人和僧侣的话还是相对真实些的，在流浪歌手和吟游诗人的诗歌里就存在更多虚幻的元素。在骑士的心目中，只要自己稍微走走，或许只要一天的路程，就会在路上遇到随意行走的巨人，或袭击民众的凶恶的龙。

▲ 十字军围攻安条克

然而现在，这些对世界理解错误的骑士居然远离了他们的城堡，来到了君士坦丁堡，来到了安条克[1]，来到了耶路撒冷。那些来自法兰西或者日耳曼的无知骑士终于明白了他们以前是坐井观天。拜占庭壮丽的庙宇、东方的宫殿和清真寺深深地震撼了他们。在希腊和叙利亚的所见所闻使这些来自西方的骑士觉得自己之前的生活真的是非常清苦，一点也不浪漫。

---

1 安条克位于今天的土耳其南部的安塔基亚，靠近地中海。在公元前4世纪到前1世纪曾经是塞琉西王国都城，后来属于罗马。公元7世纪被阿拉伯人占领。1098年，十字军东征时于此地建立安条克公国。

在中亚的土地上还流传着许许多多的古代的传说，那不仅仅是传说，还是关于古代历史的记忆。亚里士多德的著作依然在教导着阿拉伯人，而托勒密的书籍也让人们更好地理解这个世界，地理书上还在叙述来自更远东方的中国和印度的让人们惊奇的事情。在这里，古代建筑的废墟到处都可以看到，关于旧时生涯的故事也依然在民众中口口相传。

基督教的主教威廉如今居住在腓尼基的提尔城里，他在研究《古兰经》和阿拉伯历史学家的那些书籍。威廉主教在编撰一本名为《海外事件和事件史》的著作，往昔那些基督教徒对于伊斯兰教、对于异国的风俗习惯和宗教信仰的厌恶已经在该书中消失了。

在战争与矛盾之间，不同种族间的文化正在不断地融合。

哈利发国家和耶路撒冷王国都相继崩溃了。但是人们一起创造出来的文化和经历了千百年发展起来的东西却不会那么容易就被毁掉。无论是东方人还是西方人都在这片土地上劳动过。他们在同一片土地上耕种，他们一起栽培葡萄，他们一同种桑养蚕，他们都会从蜗牛里面提取颜料，他们都从橄榄中榨取油脂，他们都用甘蔗来熬糖，他们都曾在这里采集棉花，剪羊毛，织布打铁。

是人们的辛勤劳动使得东方和西方的财富增加，并且留存积累得越来越多。

东方和西方是相互需要的。居住在东方和西方的人们跨越了自然存在的沙漠和大海，打破了彼此之间存在的敌意构成的藩篱，向对方伸出了友谊之手。虽然敌意构成的藩篱会依然存在并且使人不断地感受到。

意大利的商船在地中海上航行着，船上有高高的船舷，有成百上千的船夫。当他们遭遇撒拉逊人船舶的时候，他们就和撒拉逊人的船队进行战斗。通过长长的钩子钩住敌人的船舷并且拉到自己的船边，用武器武装好自己，跳到别人的船上进行战斗。当新的旗帜在船上升起的时候，就代表了其中一方在战斗中获得了胜利。或许是热那亚人的十字旗，又或许是撒拉逊人的新月旗，每一次都不能有确定的答案。

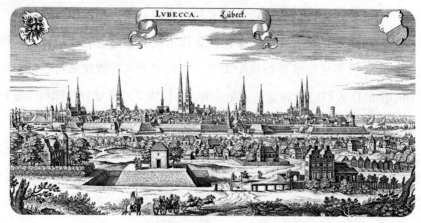

▲ 1641 年的吕贝克城

　　或许在他们心目中只有自己才是大海的主人，而对方不过是兴风作浪的海盗。但是今天，西方的商船在东方的港口里面停泊了，船上涌出了一群商人和朝圣者。

　　欧洲人的声音越来越多地出现在雅法、安条克和凯撒利亚[1]。东方清真寺的尖塔和西方教堂的钟楼一同耸立在叙利亚的土地上，伊斯兰教祈祷时的喊声和教堂钟楼回荡着的钟声奇异地混合在一起，形成了一种和谐而又互相排斥的声响。

　　在北方的自由城市吕贝克[2]，俄罗斯教堂中不断进出着来自诺夫哥罗德来的客商。他们身穿拖到脚背的皮大衣，头上戴着高帽子。这些客居他乡的商人生活习惯并没有改变，在异乡依然和平日在家乡一样生活。

　　世界已经变得更为辽阔了，不论是向南还是向北。诺夫哥罗德人作为最早的北极探险者乘坐着小船在北方的江河上航行。他们一边划桨，一边唱着歌谣：

　　1　凯撒利亚是位于古代巴勒斯坦西部的一个海港。

　　2　吕贝克位于德国境内，靠近波罗的海，始建于公元 1158 年，从 13 世纪末到 15 世纪是"汉萨同盟"的盟主。

弟兄们，我们坐上刨光的柳木船，

弟兄们，我们把桨拼命地划动吧。

诺夫哥罗德人透过北方贫困的外表看到了它们深藏的财富。黑貂和貂鼠藏匿在茂密森林的树枝间和树洞里，它们是那么的贵重，就好像南非的钻石一样。在达诺夫哥罗德城中，商人们的仓库和铺子里被这种蓬松柔软的毛皮堆满了，当然，还有来自法兰德斯的依普尔运来的贵重呢绒。

世界已经扩展到了如此之大。商人们匆匆从法兰西、意大利和日耳曼赶来，一起在英吉利的集市上相遇了。每个人都是行色匆匆，急着去参加集市的开张。

在集市间流转

站在高岗上面，可以看到山脚下熙熙攘攘的集市。皇家旗帜悬挂在高高的旗杆上，提醒着进入集市的人们这是在国王的庇护下举行的，任何人都不能打劫商人，否则皇家法庭将会对他进行审判。有一个帐篷在旗杆的旁边，那是给集市法官用的。集市法官监视着进行交易的双方，让他们必须使用真实的货币，也不能缺斤短两。同时集市上还对违反规则的人制定了惩罚措施，那些高价出售面包、葡萄酒和啤酒的人将会被绑上耻辱柱。

在法官的帐篷周围是木头搭建而成的小铺子，它们以及那些简陋的货摊一起构成了一座特殊的城市。这里就像我们生活的城市一样，也有一排一排的街道。在这一排里的商人极力向大家推荐肉豆蔻和胡椒之类的调味品，然而转过一个路口的下一排街道里却摆满了来自布鲁日[1]、根特[2]和香巴尼[3]的色彩纷繁的呢绒。来自国外的商人们按地域地聚在一起，来自法兰德斯的人们

1　布鲁日位于今天比利时的西北部，在13~15世纪曾经是西欧的重要贸易中心之一，主要的工业支柱是纺织业。

2　根特位于比利时西北部，是重要的水利交通枢纽，同时纺织业也非常发达。

3　香巴尼曾经被译为香槟，是法国旧省的名字，在巴黎以东，因产酒而闻名。

在一起，而来自日耳曼的人在另一边。

这座特殊的城市也有自己的城墙，在城门口站着看守人，同时还有木头做成的栅栏。门口的看守人小心地看着集市里的人们，以防止他们不纳税偷偷溜走。在集市开张的时候，宫廷传令官身上穿着金绣的长襟外衣，手里拿着金色的权杖。当宫廷传令官大声地宣布集市开张时，法官将会在门口接过钥匙，然后在集市上绕行一周。

▲ 城市里贸易日益兴盛

杂耍也在这时候拉开了帷幕。买主离开了柜台之后又再次转回来，就是为了要再拿出精力继续讲价钱，用一个更为低廉的价格获得物品。盲人在人流密集的地方唱着圣歌，占卜者神秘地对前来占卜的人告知他的预言，医师为人拔牙，理发师在给人刮胡子，打扮得滑稽的花脸小丑在露天剧场的舞台上翻着跟斗。参加集市的人们在这里欢快地吃着东西，在这里高兴地唱歌跳舞，甚至吵架。

在集市附近城堡中住的地主走在一排排的货摊之间，他已经喝得醉醺醺的了。他的钱包里面的钞票越来越少，因为他在不停地买着那些吸引人的东西，或者是贵重的，或者是新奇的。那些从农夫手里得到的钱很快就飞向了四面八方。

老人们还可以用自己的自制力使自己尽量远离集市的各种诱惑，但是年轻人却不能做到这一点。或许这些钱是长辈们留存了好久的，却被继承人轻率地在短短几天之内就全部花光了，而且不是花在什么重要的事情上面，只不过是吃喝玩乐。城堡里贮藏金币的包铁皮的箱柜由充实变得空虚，那些沉重的银币也越来越少。好像有一股神奇的力量把它们从暗无天日的地窖里面吸引到集市上来。

这些金银铸成的货币从一个集市跑到了另一个集市。在各个集市流转的过程中，它们中的许多都落入了意大利商人和银行家的口袋。金币继续向东向南转移，到君士坦丁堡和亚历山大里亚，又有许多被海关和税局取走，放进了拜占庭皇帝和埃及苏丹的国库。从亚历山大里亚的统治者换成了塞尔柱突厥人之后，税局取走的金币变得更多了。

这里并不是货币流转的最终目的地。金币继续向前方流动，去到那些向西方输出丝绸、宝石和香料的神秘国度。

货物经过一道道的阻隔之后价值得到了极大的提升。那些来自东方的货物的价格在印度的集市上，在亚历山大里亚的集市上，在香巴尼的集市上成倍地增加。这些货物经过了一条船到另一条船的转移，在马背上行进过，亦在驼峰上前行过，这是一条充满了历史的艰辛旅程。无论这条路有多么艰辛，依然不能阻止货物的消费和钱币的流转；商人们的长途旅行并不是这些危险可以阻挠得了的。

我们视线内的世界变得越来越宽广。

我们的视线所及不仅有宽广无际的森林和田地，还有雄伟的高山和辽阔的平原及波澜起伏的大海与一望无际的陆地。人们的足迹可以从瓦里亚海到诺夫哥罗德，从诺夫哥罗德到基辅，从基辅到拜占庭，再从拜占庭走向更远的东方国家。或许我们的旅途并不是那么顺利，整个前进的路程经过不同的国家管辖的区域，他们之间相互敌对。并不仅仅是东方和西方之间会有战争，他们自己也会发生争斗，兄弟之间，邻里之间。

但是这时候已经有人明白，想要发展，人民之间就要团结的道理了。

团 结

　　让我们重新来回顾一下那些深藏的历史吧！在那些逝去的日子里，到处都充斥着争执、流血和战斗。其实我们并不能很好地找出谁是谁的敌人或者盟友，因为或许在昨日里还在刀剑相向，但是明天却成了亲密的朋友。

　　在日耳曼僧侣拉姆伯特写的编年史里面，国王们、男爵们和主教之间不停地发生战争，只是因为一些奇怪的理由，即使他们信奉的是同一个宗教都不能够使他们的争斗停下来。利益面前，没有人会退让。

　　拉姆伯特用最平凡的语气来讲述那些过去日子里的冲突。在圣灵降临节[1]，主教希尔德海姆手下的人和修道院院长福尔德手下的人发生了一次流血的冲突。许多手持出鞘利剑的人闯进了正在做礼拜仪式的教堂，教堂里挤满了祈祷的人。站在台上的主教让自己的人加入战斗，叫喊声、哭嚎声代替了教堂内原本的祈祷声和圣歌声。其实修道院院长和主教也不想在这个时间在这个地点发生战斗，但这是解决他们之间争端最好的时机了。

　　引起争执的原因到底是什么？和大主教并肩坐在一起的人是修道院院长，但是主教却认为那个座位本应由他来坐，他要证明给修道院长看。

　　我们去回顾另外一段历史吧！那是在和这件事情发生的时间相同的11世纪下半叶时俄罗斯的历史。

　　这里也充满了战乱：契尔尼哥夫正在被基辅的大公围攻[2]，而苏茨达尔和木罗姆受到被诺夫哥罗德公爵进攻。在某些时候，草原的游牧民波洛伏齐人趁火打劫，燃起一把火，让俄罗斯的城市毁于一旦。

　　1　圣灵降临节是基督教为了纪念"耶稣门徒领受圣灵"而设立的节日，在每年复活节后的第50天。

　　2　自11世纪中叶开始，基辅国家开始解体，到12世纪时候，分裂成基辅、斯摩棱斯克、契尔尼哥夫、梁赞、诺夫哥罗德、罗斯托夫－苏茨达尔、加力支等十多个公国。

而记载这一切的编年体史书的作者又是拥护谁的呢？他是拥护基辅还是契尔尼哥夫？并不是这样的，他拥护的是所有生活在俄罗斯这片土地上的人。在柳别奇那次代表会议上王公们演说时说："我们不能够自己再来破坏俄罗斯的土地了，我们的土地给波洛伏齐人撕成一块块的，当我们自己有争端存在的时候，他们会幸灾乐祸。从现在开始我们大家一条心吧，用心去守护我们从祖先那里继承下来的领地吧。"记录这段历史的作者大大超越了自己的时代，努力地记述那些关于团结的史实。

那是在封建贵族内乱最严重的 11 世纪，还远没有产生"俄罗斯民族"的概念，只有"俄罗斯土地"。但是作者已经透过这无尽的混乱和战争看到了未来的和平，看到了城市之间相互团结及俄罗斯民族友爱的时代了。

对于记录这段历史的人来说，无论是契尔尼哥夫，还是基辅，或是诺夫哥罗德都是一样重要的，在他们的心目中，所有的人都可以团结起来一起保卫俄罗斯。这种思想是多么的前卫，代表了时代发展的方向，但是时代终究没有发展到那个阶段，现在依然只是现在。

王公们破坏整个俄罗斯团结一心的计划从柳别奇回去的路上就已经开始了。莫诺马赫的兄弟们也在思索要如何夺取他们的侄子罗斯齐斯拉维奇[1]的土地。

▲ 在 13 世纪初，莫斯科不过是俄罗斯中部无边森林中的一座木造小城

1　罗斯齐斯拉维奇指的是罗斯齐斯拉夫的儿子们。在俄罗斯的人名中包括他们父亲的名字。这里指的是莫诺马赫众多兄弟之中有一个叫罗斯齐斯拉夫，在他死后他的领地由他的儿子们继承。

在莫诺马赫的《家训》里面，他是这样写的："我们的兄弟们派来的使节在伏尔加河上遇到我时这样对我说：'让我们联合起来赶走罗斯奇拉维奇们吧，我们一起夺取他们的领地。如果你不和我们一起的话，那么以后你是你，我们是我们，大家再也没有什么关系了。'我当时回答他们：'即使你们发怒了，我也不能和你们走，不能够触犯十字架。'当我把他们打发走之后，忧伤地打开了诗篇，在其中找到了下面的那句话，'灵魂啊，你为什么忧愁呢，为什么会让我心慌意乱'。"

兄弟们期望着弗拉基米尔能够听从他们的建议，但是他们错了。莫诺马赫并不是这样的人，他并不打算在亲属之间争吵，他的眼光要更长远，他在思考如何让整个俄罗斯团结起来，共同抵御波洛伏齐人。为了俄罗斯的团结，他的付出并不是任何人能够做得到的。

莫诺马赫在柳别奇会议之前遭到了极大的不幸，他的儿子在和契尔尼戈夫公爵奥列格打仗的时候死在了木罗姆的城墙之下。如果换做其他的人，一定会去为自己的亲人报仇，因为千百年来人们一直都是这样做的。但是莫诺马赫却在他给奥列格的信中这样写道："我们不是仇敌，我不会找你报仇，一切都是天意使然，我们不要毁掉了俄罗斯的土地。"

▲ 莫诺马赫打猎后在树下休息

莫诺马赫向仇人伸出友善之手是不容易的，但是他做到了，因为他看得更远。他的眼中不是只有自己的领地，自己的子民，他的目光更迈向了整个俄罗斯的领域，那里还包含着别国的土地。他还让自己的孩子去学习外国的语言，感受其他的民族的骄傲和光荣。他一直提醒着自己，他的父亲懂得五种语言。他的目光穿过了别人的国土，莫诺马赫看到了无边无际的整个世界。

莫诺马赫在他的《家训》里面赞美整个世界的伟大和神奇。他震惊于漂浮在上空的天空，诧异于大地如何漂浮在水面上，太阳星星和各种飞禽走兽都在他的眼中，鸟类从温暖的地方飞到各处，飞到森林里，飞到天地中。莫诺马赫在他的书上花费了很多的时间，他挤出各种时间来写作，甚至像马克·奥勒留[1]和凯撒[2]一样在行军的时候写作。他《家训》的起始是这个样子的："我骑在马背上，心中在想……"

莫诺马赫拥有着无穷的力量，他用一双手就可以抓住缰绳制服野马，他甚至可以打死雄壮的熊。他不仅仅拥有躯体上的力量，他还是一个思想家，一个诗人。只有拥有伟大的力量和智慧的人才能够把俄罗斯团结起来，让全俄罗斯的人民一起去和旧势力斗争。这个伟大的人虽然通过了种种努力让俄罗斯提前感受到了和平和团结的力量，但是在他死后，俄罗斯又陷入内战的僵局，让那些游牧民族有机可乘，对俄罗斯进行侵略。

但是有些人依然坚定地相信人民会团结起来。正如《伊戈尔兵团战士歌》里面说的那样：你们这些王公用自己的骚乱把那些肮脏的人吸引到了俄罗斯的土地上，吸引到了全斯拉夫的财产上；正是因为你们的倾轧，波罗伏齐的暴行才会发生。虽然我们已经忘却了为《伊戈尔兵团战士歌》作词的先人，但是他的歌词却留了下来。歌词代替了歌手继续活下去，像从前歌手在世时一样被传唱。

在朝霞出现之前，是什么在喧哗，是什么在响动？
这是俄罗斯的武士在前进……

---

1 马克·奥勒留是古罗马的皇帝，于公元 161 年到公元 180 年在位。同时他也是一个哲学家，在用兵行军途中写出了《自省录》十二篇。

2 凯撒是著名的统帅、军事家和作家，著有《高卢战记》和《内战记》等书籍。

旧日里的知识

传唱这首歌的歌手已经离开人世了，甚至连他的名字也不能被人们想起了。但是琴弦的旋律依然活在人们心中，时间在《战士歌》里面复活了。就算俄罗斯所有的古代典籍和诗歌都消失掉，只要《伊戈尔兵团战士歌》依然存在，我们就可以透过它望到那久远的古代的俄罗斯，我们可以重新看到并且倾听它。

山上耸立着金色屋顶的王公楼阁，旗帜在呼啸，喇叭在嘀嗒吹响。向远处看去，可以看到周围的山丘和峡谷，江河和湖泊，水流和沼泽。农夫们在农田里相互打招呼，温暖的雾气笼罩在河岸上，河水里游荡着野鸭和鸥鹭，独木舟飘荡在波浪间。王公们在田野里打猎，云雾的下面，雄鹰飞翔在天空之中，觊觎着地上的鹅和天鹅。

现在的我们不能了解《伊戈尔兵团战士歌》的作者当时是居住在怎样的王公贵族的府邸里。但是我们可以清楚地知道，他的赞歌是唱给整片俄罗斯土地听的，而不仅仅是某一个王公。在他的视线里，波洛伏齐人包围住俄罗斯的兵团，用一帮人把田野分开，而俄罗斯的王公们，比如加力支的雅罗斯拉夫·奥斯摩梅斯里和苏茨达克的弗塞沃洛德王公都在这首歌的召唤之下开始战斗。为了不让俄罗斯的人民受到欺凌，他们骑上配着金马蹬的战马，用利剑去守护俄罗斯的门户。

歌手回忆已经故去的弗拉基米尔·莫诺马赫。没有办法让老弗拉基米尔只停留在基辅的山坡之上。莫诺马赫不仅仅在意基辅的一州一城之地，他还想着整个俄罗斯的土地。

《伊戈尔兵团战士歌》不仅仅记录了伊戈尔兵团，他还叙述着俄罗斯的历史。对于这首歌的作者而言，基辅、诺夫哥罗德和支撑乌拉尔[1]山岳的加力支公国都是值得珍爱的俄罗斯的土地。歌手所看到的世界也像莫诺马赫看到的一样广阔，他们都可以看到远处的国家。

当伊戈尔公爵被波洛伏齐人打败并且俘虏去的时候，很多人都为他感到遗

---

1 乌拉尔是克尔巴阡山麓的乌克兰族聚居地。

憾。甚至那些希腊人、摩拉维亚人和威尼斯人也为他惋惜。当伊戈尔公爵回到家乡的时候，大家都变得高兴起来。别切尔斯基修道院的院长狄奥多西写给伊萨斯拉夫王公的一封信中是这样说的：

▲ 伊戈尔兵团

"我们不仅要对那些信奉自己宗教的人怀有仁爱之心，也要对那些信奉其他宗教的人报以仁慈的念头。如果你看到有人衣不蔽体食不果腹，或者是被不幸所笼罩着的那些人，不管他来自哪里，是犹太人，撒拉逊人，还是保加尔人；也不管他是信奉天主教，还是异端，一定要和平地对待他们，用我们充满阳光和力量的教义去感化他们。"在这些并不华丽的语句里面我们可以看到多么崇高的思想啊！

在别切尔斯基修道院院长的感召下，团结在一起的人越来越多了。人们把间隔在彼此之间的藩篱远远地抛开，他们不仅热爱自己的祖国，更团结整个世界的人。

在旧时的封建时代里，世界上仍然有不少间隔着人们的墙壁。历史进展到了这个时候，虽然国家之间有隔断，但是我们依然可以清晰地看到这是一个大的完整的世界，而不是一个个独立的小世界了。

正教教堂和法兰西天主教堂同样耸立在加力支的国土上，它们有着类似的彩色窗户，不同的圣像之上沐浴着同样的光线。外国的客人感叹于基辅的壮丽豪华可以与君士坦丁堡相媲美。弗拉基米尔城耸立在罗斯托夫－苏茨达尔国土之间的森林里。轻巧严整的教堂耸立在克里亚兹马河岸[1]。季米特洛夫教堂墙上的精巧的人物、飞禽和走兽都是工匠用石头雕刻出来的。来自异乡

---

1 克里亚兹马河岸是奥卡河的左岸支流，它主要流经前苏联的莫斯科州和弗拉基米尔州。

的人惊叹于那些精致的雕刻，那些雕刻中有类似于从巴黎圣母院的高屋顶上往下看的喀迈拉[1]，也有象征把马其顿的亚历山大送到天上去的老鹰……一座更漂亮的教堂矗立在离弗拉基米尔城不远的涅尔利河[2]上。这座教堂于1165年建立，那是在伊戈尔公爵出征前的20年。像这样用白色石头建造的精致优雅的建筑物在世界上还真的没有几处可以和它媲美。

▲ 12世纪伊戈尔率军出征拜占庭之战

就在12世纪的这个时间段里面，格鲁尼亚的伟大诗人朔塔·鲁斯塔韦里创作了一首长诗，在那首长诗里面包含着西方的智慧和东方的诗意。拜占庭人是这样评价格鲁尼亚人的："你们虽然是格鲁尼亚人，但是你们的教养可以同真正的希腊人媲美。"无论是在基辅还是在巴黎，在君士坦丁堡或在伦敦，人们在修道院的图书馆里面可以阅读到各种用彩色的漂亮的图画和精巧的大写字母装饰的书籍，每一本书都是孩子们通向整个世界的一扇大门。

1　喀迈拉是希腊神话之中的怪物，前身像狮子，后身像蛇，中部像山羊，嘴里可以喷火。

2　涅尔利河是克里亚兹马河的左岸支流，流经前苏联的亚罗斯拉夫州、伊凡诺沃州和弗拉基米尔州。

那些学习的**事**情

所有的孩子们，只要是读初级学校的孩子都不分年级地坐在一起，不论他是大孩子还是小孩子。初级学校里的孩子就像是一团乱麻，每个人都乱糟糟地和其他人搅合在一起。年纪比较小的孩子们一起唱《我们的天父》，而那些稍微大一点的孩子则生疏地读着初级课本，至于那些最为成熟的孩子则在优雅地朗诵着诗篇。在嗡嗡的读书声之中，就算自己读错了，孩子们也不能感受出来。因为那些读书的声音可不是悦耳的，而是乱糟糟的巨大的喧嚷声。

已经有些学会读书的孩子围绕在老师的周围，他们跟着老师一句句地重复每一个单词。老师怎样教他们，他们就怎么重复，他们完全相信自己所听到的东西，不管老师讲的到底是不是书本上的，因为他们的脑子早已在想其他的事情了，想天空中自由自在地飞翔着的鸟儿，或者是农民赶着大群的牲畜走在街上的场景。他们想着各种好玩的事情，唯独脑袋里面没有读书这一件事情。思想是可以和嘴巴分开的，两者各不相干，脑袋里面不知道舌头所说的事情。

就算是脑袋一直在想自己说的什么又有什么用处呢？脑袋也不能对书里写的东西真正明白多少。俄罗斯的学生需要学习斯拉夫语，尽管那样需要耗费很大的力气。而在西方读书比在俄罗斯读书更困难，因为那里的世界都是拉丁文组成的，只有宗教界的神甫和牧师才知道这些奇特的字符到底有着怎样的含义。西方的学生在学习的时候跟着老师重复书中的每一个字，他们就这样的一本一本地读下去。

学生们学的每一本书都是要单独付费的，当他们学完了一本书，想要继续学下去，就要继续交给老师学费。当学生的家长和老师商议好应收学费的数额之后就会都松了一口气，就好像做了一件很重要的事情一样。学生们叫老师"师傅"而不是"老师"，就好像老师与其他的鞋匠以及那些手艺工人没有什么区别，并不值得大家独特地对待。

在师傅那里人们只能学会如何去唱赞美诗。如果一个孩子想要学到更多的东西，就要去上那些更好的学校，到那些有着神圣宗教色彩的修道院学校或者教会学校里面去学习。那些让人们深造的学校里面会教授文法、修辞学和辩证法。如果有谁能够很好地掌握了这三门学问，那么他就可以去学习更多的内容，去学习算数、天文学、几何和音乐。

文法、修辞学、辩证法、算数、天文学、几何和音乐这七门学问就像七个兄弟一样。文法教给人们说话的艺术，辩证法使人们更好地明白什么是真理，修辞学使人们的语言更加的优美，音乐让人们学会唱歌，算数使人们会计算，而天文学帮助人们研究天上的星宿。那些认为词类变格和变位练习是无聊和有罪的时代已经一去不复返了。到现在，不只是位高权重者需要很多的学问，一个普通的职位也要很多的知识。文化，已经变得普及了。

文法并不会像人们自己想象的那么简单，这是一门值得研究的学问，而算数要比文法更难。许多人都不认识阿拉伯数字，他们还是按照以前的方法去写数。想要把罗马数字六和七加起来不是那么简单的事情，如果想要计算分数的话就会变得更加的麻烦：将 1/4 的一半的一半，减去 1/3 的一半的一半的一半。

学习算数需要记住所有的罗马数字的含义。老师们把数字赋予的含义一点点地分析给学生：一年四季的春夏秋冬，也代表一天的昼夜朝暮四个部分。我们在地上生活就是这样的，俗世里的所有快乐都和它联系在一起。为了永久的快乐，必须放弃暂时的快乐来进行斋戒和祷告。就像解释四的含义一样，老师这样解释所有的数字的含义。基督教徒所信仰的三位一体[1]是三的含义。数字七指的是人。整个人是由肉体和灵魂一起构成的。肉体由四种元素构成，

1　三位一体是基督教的重要的教义之一，指的是上帝只有一个，但是包含有圣父、圣灵、圣子三位

而灵魂是指心灵、精神和思想。

天文学是对这个世界上的天象和地理的描述。就在不久之前，老师们还在学校里面给学生讲述那些风雨雷电、飞禽走兽的神话。在他们的描述中，天使用管子吸起海里的水浇到地上就是下雨，有的羊可以像树一样从根上生长，而有的鸟是从果实中飞出来的。现在的人们已经很少相信这种神话了，因为他们已经可以更好地了解自己所生活的这个世界。

在那遥远的东方，亚里士多德和托勒密的著作被中亚人继承了下来，并且传到了这里。四种元素和带着恒星和行星的透明的天球在修道院学校学生的心目中已经不陌生了。这比科斯马·印第科普留斯特斯所描述的狭窄屋子更像世界了。

高等学校已经出现在波伦亚[1]和巴黎了。在各条通向巴黎的道路上都可以看到肩上背着背囊手里拿着手杖的旅客。那些旅客不是老年人，他们都是年轻富有朝气的少年人。他们走向巴黎既不去向殉道者的圣骨顶礼膜拜，也不去拜访那些苦练的修道高僧，他们是走向巴黎圣母院学校，去那里听有名的学

▲ 波伦亚大学校徽

者基劳姆·德·香蒲的课。基劳姆·德·香蒲是中世纪法兰西经院哲学家、实在论者。他现存的著作是他所提出的神学《问题》四十七条。而另一位大学者是彼得·阿伯拉尔。这些博学大儒名声享誉全世界，那些来自波亚图的人、安茹的人、不列颠的英吉利人都知道他们。

---

1 波伦亚位于今天的意大利北部伦巴第平原南部、亚平宁山北麓。

来到巴黎求学的学生会首先在巴黎寻找到自己可能会认识的人。同时处在异乡的人会给他们的同乡指明道路：路过一条小桥之后去到塞纳河的左岸，那里会有很多学术界的朋友。时间过了一个月，又过了一个月，在这段时间里，那些刚来到巴黎的人也变成了这片区域的熟人，他们也可以帮助那些新来的同乡了。这片汇集了大学生居住和读书的区域被叫做拉丁区。所有的法兰西人在自己的国家都会说法兰西语，但是在拉丁区，情况并不是这样的。在拉丁区里，居民的主要语言不是法语，而是拉丁语。不论是来自法兰西、英吉利或者日耳曼的大学生，还是来自意大利的大学生都懂得拉丁语。

巴黎的市民总是用奇异的眼光打量着那些学生们。他们不是我们法兰西的本国人，他们是别的国家来。那些讨厌的外国人并不是什么温文尔雅彬彬有礼的君子，他们的行为很粗暴。市民和大学生经常会发生争斗，不论是在小酒馆还是在大街上。

市长会派遣卫兵逮捕狂暴的大学生，但是那些大学生却不会乖乖地束手就擒。他们会和那些前去逮捕的卫兵激烈地争斗，他们勇敢地自卫。那些大学生并不想认识巴黎市长，在他们的心目中，巴黎圣母院的主教才是他们的领导者。

那些不认识字的商人和工匠是被大学生们和教师们所讨厌的。他们打心底里看不起那些人，那些无知的市民根本就不懂得什么叫哲学，什么叫神学，什么又叫法学。虽然医生也是为人们工作，但是要当医生却不像理发匠简单地仅凭熟练和经验就可以胜任的。理发匠可以给人放血、刮胡子，但是他们是不会知道盖伦的。盖伦是古罗马医师、自然科学家和哲学家，是继希波克拉底之后的古代医学理论家。希波克拉底（公元前460~前377年）是古希腊医师，同时也是西方医学的奠基人。这些关于"医学之父"的事情不可能出现在他们的生活之中。

就算是亚里士多德这样知名的学者，巴黎的市民也不会关心他是谁。

但是那些被巴黎市民所讨厌的大学生们却十分耐心地研究着亚里士多德，

就像研究圣奥古斯丁（公元354~430年）是罗马帝国基督教的思想家一样。就在不久之前，亚里士多德还被人们认为是恶徒，那些从犹太文和阿拉伯文翻译过来的著作都被焚毁了，因为教会判决认定那是邪恶的。但是如今人们却像尊重基督教的各位先贤一样尊重亚里士多德，虽然亚里士多德是一个多神教徒而并非基督教徒，但是他可以在思索中将每一件东西都放到适当的位置。一个人会思考本身就是一件非常了不起的事情。

作为一个基督教徒可以去和那些异教徒辩驳。那些异教徒有那么多的虚假学说，如果你放任不管，他们就会把你逼入一个窘迫的境地，他们会在所有人面前嘲笑你，会让你感觉自己的信仰出现了问题，他们给对你设置了一个又一个阴险的陷阱。所以对于一个心存信仰的人来说仅仅在心中有虔诚的信仰是不够的，还要学会思考。无论是异教徒还是基督教徒都要思考。或许他们曾经只有盲目的信仰，但是现在他们又开始在思考之路上继续前行。

只要开始思考，就很难停止下来。因为论证会产生争论，只要有争论就会有怀疑，怀疑又会推动人的思考。所以那些想通过知识检验信仰的人和那些狂热的盲目信仰的人之间的斗争就开始了。

有些人根本不想听到这些，他们用蜡团或者其他的一些东西把头巾之下的耳朵塞起来，就像修道院院长贝尔纳·克雷尔佛（公元1091~1153年）那样。他们不愿意听到那些庸俗之人心中所想。贝尔曼·克雷尔佛常常沉浸在自己对神的冥思之中，以至

▲ 贝尔纳·克雷尔佛，中世纪法国基督教神学家，明谷隐修院创始人，第二次十字军东征鼓吹者

于常常看不见周围有些什么。有一次他乘车路过日内瓦湖的时候，听到周围的旅伴们谈论湖里的景色，竟然惊奇得不得了。他虽然有着明亮的眼睛，但是那双眼睛看不到这世界的美景。

但是有的人却可以放飞被禁锢的思想，看到广阔的世界，而不只是盯着一幅基督被钉在十字架上的图画，不只是把自己禁锢在窄小的僧房之中。

贝尔纳 和 阿伯拉尔的决斗

阿伯拉尔被贝尔纳指控了，贝尔纳认为他是异端。阿伯拉尔要求法庭判断他们的对错。到了开庭的当天，阿伯拉尔和贝尔纳同时，从两个不同的城门走进城里。

几乎全城的居民都到街上去了。围观的人群恭敬地为一身粗糙僧衣、低头徒步前进的贝尔纳让开前进的道路。大家都敬仰地看着贝尔纳，他的脸色应为不断地苦修而变得蜡黄，但是他的眼睛里面充满着无穷的斗志。他走过的地方人们小心翼翼地讨论着贝尔纳的一切，讨论着贝尔纳的预言天才。贝尔纳有一个弟弟，他是一个英俊漂亮的骑士。贝尔纳希望他能够成为一个僧侣，但是他的弟弟更愿意穿着金光闪闪的盔甲，做一个威风凛凛的骑士。贝尔纳用尽了各种理由都没有办法劝服这个固执的青年。于是贝尔纳将手指按在年轻骑士的胸前，轻轻地说："不久之后，长矛将穿过这里，为正直的意志打开一条道路，通向不肯屈服的焦躁的心。"果然，过了一段时间，这个年轻的骑士就在打仗的时候受了伤，他在病床上立誓要把自己献给神明……人群中的人小声地议论着贝尔纳："他是圣人。"那些患了疾病和残疾的人艰难地向前挤去，希望贝尔纳能够医治他们的痛苦，赐予他们健康。

大家也都知道阿伯拉尔是谁，因为人们都知道他把爱献给了爱娄伊莎。

爱娄伊莎是中世纪法兰西著名的才女和美女，她曾经和她的老师阿伯拉尔发生过恋情。她不像普通的女孩子一样纺线和绣花，她喜欢书籍。阿伯拉尔曾经和爱娄伊莎一起阅读圣奥古斯丁的著作，一起攻读亚里士多德的著作，一起研习柏拉图的著作。他们常常一起攻读一本书籍，他们亲近而且亲密。就这样，爱娄伊莎和阿伯拉尔相爱了。阿伯拉尔被众多的学生围在一起出现在街头的时候，所有漂亮的姑娘都可以看得到他，也都渴望看到他。阿伯拉尔是那样的英俊，他聪明，有魅力，有优美的歌喉。

他们相恋的事情被爱娄伊莎的亲人知道了，他们非常气愤地把两个年轻人分开了。阿伯拉尔进了修道院，并劝说爱娄伊莎做修女，这样他们就可以在一起了，爱娄伊莎当然会去的，她是那么喜欢他，哪怕是为他下地狱，她也会去的。

阿伯拉尔在修道院中也没有放弃自己的坚持，他用自己的思想来思考信仰，用智慧来判断自己的信仰。他认为神的儿子基督拥有极大的智慧，那是一种可以不断思考的理性。每当人们说起这件事情的时候都会感到万分的惶恐，东张西望。这种话听说都是一种罪过，有的时候说了这种话是有可能被丢到火堆里去的。这是异端，异端的话不仅不可以说，连听都不可以。

群众里面渐渐地喧闹起来，大家都看着另一边的城门，在众多的人之间已经可以看到那个骑马的人的端正的体型了。阿伯拉尔并不像贝尔纳那样步行，他更像是一个骑士，而不是一个忠于宗教和信仰的僧侣。年老的人们在胸口划着十字，一步一步地远离他，阿伯拉尔，他是一个魔鬼，是一个异端。人群中的低低的说话声不知道是在表示厌恶还是表示赞叹的心情……

贝尔纳和阿伯拉尔这两个敌人在教堂里面见面了。

外面白昼明亮的日光也不能够使屋子里面明亮起来。那些屋子里面穿着华丽法衣的主教和穿着暗色僧衣的僧侣没有立刻够被人们认出来。贝尔纳十分猛烈地向阿伯拉尔进攻。在这种时候他也表现得像一个充满斗志的骑士，

▲ 阿伯拉尔与爱娄伊莎

就好像这里并不是教会法庭，而是神明提供的角斗场，他们两个在进行着一场信仰和生命的决斗。

贝尔纳伸出手指指向阿伯拉尔，那个人，他是一个异端，他是一个多神教徒，他是说谎的人。"你和你所尊敬的那些信仰多神教的哲学家一样，你也是一个多神教徒。"贝尔纳拿起一个羊皮卷，借着从窗户里面透进来的光线朗读了起来。他不过读了几句，大家就都听出了那是阿伯拉尔的著作《是和否》。阿伯拉尔主张"概念论"，反对"实在论"。他认为事物的共同特征不是独立的实体，而仅仅是存留在人们心目中的，是人们用来表示许多东西相似性和共同性的概念。在他的《是和否》一书当中存在着许多相互矛盾的教父言论。他针对实在论者提出"信仰而后理解"，提出了"理解而后信仰"与之相对，认为信仰不是盲从，而应该是建立在思考和理解的基础之上的。他的《自知》一书是论道德哲学的。他强调动机的好坏决定行为的善恶，但他本人并不否定基督教的信仰本身。阿伯拉尔在书中记录了那些教父在生活中露出的马脚，他们的话会自相矛盾。贝尔纳一边读着阿伯拉尔的书籍，一边质问他："这难道不是异端那令人讨厌的言语吗？"贝尔纳把手伸起来，伸向教会法庭低矮的屋顶，好像是要召唤神灵将愤怒发泄在所有异端的头上。贝尔纳的每一句话在教堂之中久久回荡。

但是阿伯拉尔用更响亮的声音打断了他："我不会承认你们的法庭，我只承认教皇领导的法庭，其他的，我都不会承认。"阿伯拉尔挺直身躯，骄傲地走出了教堂法庭。他要快点走出去，走出这低沉阴森的屋子，走到阳光底下去，驱散周围这些充满陈腐气息的气味。

被告阿伯拉尔缺席了，但是这并不影响法庭对案件作出决断。在被告缺席的情况之下，他被判为异端。

阿伯拉尔成了异端，他被关在了修道院里。他就像被活埋在了窄小的僧房之中一样，他身上的活力渐渐减少，逐渐变得低沉，变得衰弱下去。就算爱娄伊莎那可爱的歌声从远处呼唤他依然不能够唤醒他。爱娄伊莎给他写信为他打气，希望他可以找回以前的自己，那个充满了勇气和骄傲的自

▲ 阿伯拉尔接收爱娄伊莎的慰问

己。但是她热切的恳求并没有得到什么回应。阿伯拉尔已经失去了那种傲气，他变得服从和妥协。爱娄伊莎拿到的回信里面没有一丝热情，就像那万年的寒冰一样冷。那些正统的基督教徒扼杀了他的爱情，征服了他的骄傲，罢黜了他的智慧。

为什么要用自己的肩膀去承受那些难以承受之重呢？阿伯拉尔的学说被他自己放弃了。一个人想要超越或者反对自己的时代是很困难的。

多年以后，人们将阿伯拉尔的遗骨和爱娄伊莎的遗骨合葬在了一起。只能是这样，一个爱情故事，凄美无比的爱情故事就要有它相对的悲凉结局。这对不幸的情人的墓碑上有着这样的题词：让他们安息吧，从工作和爱情的痛苦之中解脱出来。

那些把自己的心和思想锁在信仰构建成的狭窄的僧房之中的人和那些有着开阔思想，希望自由思考和恋爱的人就这样进行着斗争。教堂中的审判时碰面的不是两个敌人，而是两个不同的时代，是过去和未来。虽然阿伯拉尔

的学说在他临死之前被背弃了，但是他还是完成了他自己的任务……

　　时光流逝，岁月如梭，这时候已经跨越了12世纪来到了13世纪。这时候巴黎大学里面人们的嘴边已经有了新的人名——大阿尔伯特。大阿尔伯特是中世纪德意志经院的哲学家和神学家。他反对当时具有唯物主义倾向的阿维洛伊主义，著有《神学大全》等书。在大阿尔伯特授课的时候，他最大的希望有足够大的地方能够容纳那些想要来听他讲课的人。人们总是习惯在最好的君主和将军的名字之前加上一个"大"字。但是现在，在尊崇知识的今天，人们把这个代表着尊崇的"大"字加在学者的名字上了。在普通人的心中，全能的博士大阿尔伯特是个魔术家。他在实验室中研究各种金属的性质，他可以清楚地分辨何种金属可以在硝酸中溶解，而哪些又可以和硫磺化合在一起。他观察高高在上的天空，那闪亮的繁星好像在流淌的银河上聚集。在他的各种仪器中还包括从东方来的指南针。他搜集的手抄本来自阿拉伯、犹太和希腊。他重新编写了论述野兽、植物和星宿的著作，但是在他新编撰的书里面新的知识还是少于旧的神话。

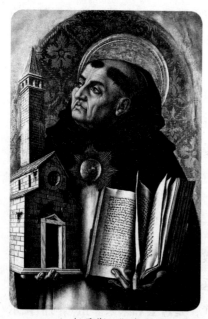

▲ 托马斯·阿奎那

　　阿尔伯特竭力地称赞亚里士多德。在他的心目中亚里士多德差不多就是一名僧侣，其实中世纪的艺术家们都会用僧侣的衣服去打扮那些生活在基督时代的人们。虽然有着种种的不足被指出，但是大阿尔伯特依然在试图尽力将科学和宗教区分开了。

　　在他的学生中有一个叫做托马斯·阿奎那，托马斯·阿奎那（公元1226~1274年）是中世纪的神学家和经院哲学家。他运用亚里士多德形而上学的基本范畴"有"和"本质"来说天主是"自有、永久的"，以万物应有"第一推动力"的说法来论证天主的存在。他的主要著作有《反异教大全》和《神学大全》。托马斯·阿奎那是一个非常认真地研究亚里士多德的人，他想要把这个大哲学家拉到教会这边来。为什么不能利用这个有名望的人呢，不要把他留给异端，也不要留给不信神的阿威罗伊的门徒。在以前那久远的日子中，亚里士多德统一了古代全部多神教的科学。托马斯·阿奎那想依靠亚里士多德来完善教会的系统。

他写了一部可以回答所有问题，根除所有怀疑的巨著。精神和物质的区别在哪里？理智和感情的区别又在哪里？这个世界究竟是怎样由神创造的，又是怎样被神明管理的呢？魔鬼是谁？哪些鬼神又属于哪些魔鬼呢？天使们需要吃东西吗，他们需要睡觉吗？这样或大或小千奇百怪的问题有许许多多都可以在托马斯·阿奎那的著作里面找到答案，他书中的答案就是最终的答案，如果谁有着不同的想法，那么，他就是异端。

在之前的某个时期里，人类理性的权力被神学家们否定了。可是，对于托马斯·阿奎那而言，他并不是一个否认人们理性权利的人，虽然他并不排斥哲学，但是他想让哲学为教会服务，让它变成向异端争斗的新武器。

他被人们称为"天使般的博士"。但是正是这个被人们誉为"天使般的博士"的人要求把异端处死。他认为，对待异端就应该像国王用死刑处罚铸造假币或别的罪恶的人，这样才能对那些不是异端的人更加公平。这个仁慈的托马斯·阿奎那的劝告就是砍掉怀疑的人的头，在他看来，或许斧子才是最可使人信服的证据，但是这样看来，他对自己的论据并不是非常相信。

即使是在这样的高压政策之下，欧洲敢于怀疑和思考的人也在逐年增加。生活在 13 世纪的法兰西斯派[1]。罗吉尔·培根曾经企图寻找能使所有的金属都变成黄金的"哲人石"，他也曾经做过许多有价值的科学观察和实验，并且

---

1 法兰西斯派也被译作方济各会，是 13 世纪意大利人法兰西斯科创立的，法兰西斯科也被翻译成方济各。

设想眼镜、望远镜、显微镜和飞行器等物的发明，主要的书籍有《大著作》。培根一页一页地翻阅自己的手稿，那些手稿的标题上写着《大著作》。这是包含了多门学科的巨著。如果人们想要从这个世界中知道多少东西，并且能够持续不断地研究下去，那么在他们的面前就会展现出一个有多大秘密的世界。或许也有一些被隐藏起来的秘密。

魔术师的塔

　　罗吉尔·培根整夜都呆在他位于牛津郊外的塔里面。在塔身上和枪口一样狭小的窗口上会忽然冒出红色的火焰，在黑夜中映射出一种诡异的颜色，使行人胆怯；又有时候会发出重浊的爆炸声，引得塔周围的土地都震颤起来。谁也不清楚培根在塔里研究什么。

▲ 罗吉尔·培根

　　只有他自己知道，他研究的是——整个宇宙。培根想要明白物质深处到底是怎么样的，也想要到天空之中观察星星是什么样的。在他常用的桌子上随处可见阿拉伯和希腊的手抄本，也可以看到凹面镜、凸面镜和小小的玻璃透镜。凸透镜的世界中可以看到与平时不同的世界，一会儿变大，又一会儿变得稍微小一些，但是依然会比平时要大。在培根的那个年代，连眼镜也都是存在于想象中的东西，更不用说显微镜了。但是玻璃的这种奇妙的功能已经被罗吉尔·培根发现了。他用鹅毛笔在羊皮纸上记下那些奇怪的现象："如果我们观察物体透过的玻璃不是平整的一块，那么它是凸起来还是凹进去，所得到的结果就会不一样。可以把它做成这个样子，就会让很大的东西变得很小；或者让很小的东西看起来很大，看远处的东西就好像在眼前一样，那些被隐藏起来的东西也可以被发现。甚至我们观察太阳、月亮和星星都离得我们近了许多。有许多这样的现象发生，但是许多没有见过的人拒绝相信这是真实的。"培根已经站在了我们所未知的世界的门口了。只要再向前近一点点，他的眼中就会展现出前人从未发现的事物。他忽然之间感到很奇异，眼睛到底是一个什么东西呢？为什么我们可以看到绚丽多彩的世界？

培根用一把磨得很快的刀插进了牛的眼窝里，他想要观察那个可以让我们看到大千世界镜像的眼球的结构。培根用笔在自己的书里面记载下来：视觉是由神经来完成的，而不是眼睛。过了很久之后，人们才明白了脑子是怎么一回事。但是这时候的培根已经清楚地明白了动物看这个世界不仅仅用他们的眼睛，还用脑子看。

眼睛研究眼睛，而脑子也开始研究脑子了。

那么让我们看到一切的光又是什么呢？如果没有了光，就不会有眼睛，那么这个世界也是不能够被看见的。在一个小孔之前树立起三根蜡烛，培根想要观察这三道光线到底如何互相不干涉通过小孔。他利用太阳光引燃木头，他也研究镜子如何反射光。他十分坚韧地研究光，他想要明白光到底是一样什么东西，而彩虹和蜃景又是怎样形成的。在培根的心中并不认为海市蜃楼是撒旦对人类的引诱，他觉得一切都可以用科学来解释，如果可以恰当的追踪光的途径，那么就能够合理地解释海市蜃楼的存在。

培根走到了窗前，去眺望天空中的星星，五颜六色的像宝石一样在闪耀。他的目光从不同的星座之间游移，就像对自己的书桌一样熟悉。他已经清楚地知道，和整个宇宙比较起来，地球是多么渺小。他使用工具测量了太阳，太阳要比地球大得多，要大许多倍。在他那想要洞悉一切的目光之下，银河系被分成了许许多多的星星。

就这样，培根的眼前出现了明亮的宇宙，它充满了光，五颜六色。人们也像对待大阿尔伯特一样，称他为魔术家、魔法师。但是他比任何人都不相信魔术的奇迹。没有哪一种魔术可以无中生有创造出一个世界，创造出一个这样精致而充满奇迹的世界。人类能够用眼睛看到这个世界，用耳朵听到这个世界，能够自己创造词语来描述这个世界。这根本就不是一个魔术能够驾驭的世界，这是一个充满了奇迹的世界。

▲ 罗吉尔·培根的故居

培根有一个字谜，他自己创造出来的字谜，这个字谜里面用秘密的暗号隐藏着一种他发明的可怕的事物。在他做实验的时候，把硫磺、硝石和木炭混合在了一起。奇怪的混合物喷发出了危险的火焰，可怕的爆炸声震撼了地面，就连整个炉子都被炸成了粉末。培根的性命是上帝庇佑的。那是隐藏在物质深处的恶魔，那些恶魔被他召唤出来了，就连他自己也被吓了一大跳。培根把它深深地埋藏在了字谜之中，他希望最好谁都不知道这件事情。

一件事物到了出世的时候就算用再多的秘密符号和字谜都不能够被隐藏。当培根在忙着掩埋自己的发现的时候，中国，世界另一头的神秘的国家已经发明了火药。阿拉伯人把那些依靠来自神秘东方的火药发射弹丸的大炮运到了西班牙，现在距离大炮响起的时刻已经不远了。这种注定会对人类造成巨大破坏的物质终于在世界的深处被人类唤醒了。

星象

罗吉尔·培根是一个思想非常活跃人。在他的设想之中，世界上会出现许多奇怪的事物，那时候在陆地上飞驰着的车子不需要马来拉动，在大海上航行着的大船也不需要桨手，甚至天空中还有奇形怪状的可以飞行的机器。

虽然他的思想超越了那个时代，但是他毕竟还是生活在当时。他的塔，那个被称为魔法师的塔，那是占星术士的观星台，那是炼金术士的实验室。培根为了寻找到"哲人石[1]"，他把各种金属都混合在一起；他是为了占卜才去判断那些行星的位置。在他的思想之中，世界上的一切都是彼此之间存在联系的。整个世界是一个伟大的整体，有看不见的线联系着天体和地球。就好像地球的潮涨潮落是因为月亮引起的，而树木和百草的生命是太阳的赋予。

现在的我们也是这样想的吧？在我们现在的科学体系里面，地球是宇宙的一部分。因为太阳向地球输送光和热，才使地球上有了生命。吸引人类的不只是地球，任何天体都把人类向它们哪里吸引。在这个伟大的宇宙空间里面，充满了光和万有引力，但是人类生活在地球上，地球的引力胜过其他星球的引力。

这只是我们的想法而已，在罗吉尔·培根的那个时代，在那遥远而又古老的 13 世纪里，人们还不知道万有引力是什么，也不清楚光的性质。在他们的心中隐约地认为人应该是和这个世界有着特殊的联系的，但是到底是什么样的联系，他们并不清楚。于是他们把目光对准了神秘的星空。

培根在羊皮纸上画了两个正方形，一大一小。小正方形在大正方形的里

1　一些炼金术士幻想有一种物质，加入之后可以使贱金属变为贵金属，他们把这种物质叫做"哲人石"。

▲ 十二星座

面。他使用斜线把这两个正方形之间的空白分成了 12 个三角形，那就是 12 宅。在 12 宅里面的每一宅都被他画上了一个星座的记号。天秤座的记号是天平，双鱼座的记号是两条鱼，人马座的记号是弓和箭。宅的数目正好和黄道 12 宫[1] 的数目一样多。正方形中间的位置被空了出来，因为他要在这里为人占卜，只要把名字写在里面，就会得知那个人的命运。培根将诞生的年月写在名字的下面。

为了知道被测人的命运，他应当计算出有哪些天体曾经在孩子出生的时候在天空之中闪烁。众所周知，天体是不会总停留在一个地方的。太阳、月亮和其他星星都不停地在天空之中运动，从黄道 12 宫的一宫走向另一宫。每

---

1 黄道 12 宫是地球上的人看太阳在一年里面在恒星之间所走的路径。古代的人为了表示太阳在黄道上的位置，把黄道分为 12 段，叫做黄道 12 宫。春分太阳在白羊宫，以后依次进入金牛、双子、巨蟹、狮子、室女、天秤、天蝎、人马、摩羯、宝瓶、双鱼等宫。过去的黄道 12 宫和黄道 12 星座是一致的。但是由于春分点向西移动，2000 年前在白羊座里面的春分点已经被移到了双鱼座，因而现在的白羊宫实际上在双鱼座的位置上，其余的宫名和星座的名字也都不吻合。

一个天体都有它自己独特的特性。在人们心中，月亮是冷而惨淡的，它是对人们不吉利的。幸福的赐予者是淡蓝色的金星和鲜明的木星，而血红色的火星和苍白色的金星则预示着悲哀。

星途总是不断地离散而又聚合，就这样一直循环，周而复始。如果同一宅里面汇聚了最大最有力量的行星，那么将会发生一些奇怪的事件，诸如王权的颠覆、先知的到来或者是瘟疫的流行。人类的每一种行动都是由天体的运行预先得知的。在医生的眼中，双子座是司手的星座，白羊座是司头部的星座，而双鱼座是司脚的星座。如果月亮在双子宫里面，要治好扭脱了关节的手就是不可能的，只能够等待更好的星象和时机。在炼金术士的眼中，星象又代表着另一层含义：水银的好坏和水星有关，白银在实验中是否成功要取决于月亮，黄金是太阳掌管的，而土星预示着铅的未来。

如果太阳在有敌意的行星的宅里面，工作不会顺利地完成。如果太阳正对着的阴郁的土星会一直上升的时候，这种对立预示着更大的不幸。但是如果木星在附近的时候，它能够救助太阳的一切厄运。它将为太阳"解围"，木星会把太阳从牢狱之中救助出来……占星术士是很值得尊敬的人，国王们、将军们和航海家们都会和他商议事情。

每一个国家都有代表自己国家的行星。土星统治着印度，木星统治着巴比伦，而水星统治着埃及。培根又在进行占卜了，用星相占卜，他问的不是某个人的命运，也不是某个国家的命运，而是他所信仰的宗教的命运。培根相信天体能够把宗教的命运讲给他听。

虽然培根此时依然在他自己的塔里面工作着，他的身体在进行着占卜的准备，但是他的思想却已远远铺散开来。他现在想到了遥远的其他的地方，那里有着饱受压迫的人民，他们正在遭受着极大的苦难。那些残暴的目无法纪的行为都加注在了他们身上。

那些贵族，那些男爵公爵和骑士们相互迫害，相互掠夺，他们用战争来相互争斗。战争带来的苛捐杂税和不太平的世道让普通的臣民生活更加地窘

迫。王公们喜欢通过战争占有那些本来并不属于自己的财物，他们要把整个王国都置于自己囊中。人们讨厌那些王公，只要有可能，他们就会联合起来一起反抗那些行为。

那些生活在上层的人们，他们赤裸裸地展示了人性的弱点。对商人所说的每一句话都不能够相信，那是撒谎和欺骗。所有的神职人员都有骄奢淫逸和永远都不会满足的习惯。非教会的人被巴黎和牛津有学问的僧侣用争斗和放荡迷惑。主教们贪得无厌，无穷无尽地的敛财，也不去管那些教民要求他们救赎灵魂。人们本是无辜的，却被那些刀笔吏用各种各样的罪名构陷。教廷和皇宫里面充满了奢靡和贪婪的气息，就连一直代表着神圣的皇位都成了欺诈和谎言的胜利品。

蜡烛的火苗摇摇晃晃，照亮了培根的脸庞，他的眉头深深紧蹙，仿佛遇到了什么难以抉择的事情。培根作为法兰西斯派的僧人，他曾经多少次都不能够抑制住自己的愤怒，向那些不愿意听他诉说真理的人诉说真理。连法兰西斯教派的领导人约翰·蓬那文都尔都不喜欢他，所有的人都认为他是一个巫师。每天他睡觉都战战兢兢，因为他并不知道自己明天是不是还能够自由地呼吸，会不会已经被关在了监狱里面。

占卜的结果出现了，得到了一个极为可怕的结论。行星的记号被培根写在了三角形的宅里面。月亮和木星出现在了同一个宅里面。这里是室女宫的宅，是水星的宅。室女宫管的是心，而水星管的是基督教。阴郁的月亮和强大的木星一起会合在了水星的宅里面，这代表着信仰在人类的心灵里面必然会被毁灭。

"在这样堕落和耻辱的时代里，一切都会是这样的吧。"培根在心里默默地想着。窗外的天已经蒙蒙亮了。赶着牲畜的牧人走在塔边的路上，牧人偷偷地回头去看魔术家的黑色的高塔，塔身在迷雾之中半隐半现。如果路过的牧人知道了塔里的人昨夜占卜得出了什么结论，他又会有怎样的行为？

听助手讲故事

培根除了是一个占星术士之外，他还是一个炼金术士。他同其他的炼金术士一样，也想在实验室里制造出惊人的财富。如果谁能够找到将铜和铅变成黄金的办法，谁就会得到整个世界。吸引培根的并不是得到这整个世界的诱惑，不是世俗的金钱和权力，引诱他的是他自己的内心，想要对奇妙变化，对小世界进行了解的秘密。

其他的炼金术士想要得到的只是黄金，具有价值的黄金。虽然世界仍然被代表宗教的十字架和代表无理的剑来统治着，但是黄金所代表的金钱已经开始在争夺他们的权势了。那些有着巨大财富的人是值得尊敬的，就算国王和教皇也要求助于高利贷者，因为他们的国库都已经空虚了，为了让自己的国家更为强大或者是仅仅维持国家的正常运转，他们宁愿拿着自己的王冠去有钱人那里抵押。每一个国王都有自己的炼金术士，他们会对自己的士兵和将军保证，他们的炼金术士马上就会寻找到哲人石那种神奇的东西，所有的士兵和将军都会得到用哲人石制造出来的黄金，会是平日军饷的两倍。

炼金术士的实验室是神秘的，其他人很少有进入炼金术士的实验室里参观一下的机会，而且就算是有机会进入，也不是每个人都有进去的勇气的。因此我们一直都不知道炼金术士到底在他的实验室里做什么事情，直到一个研究炼金术的僧侣的仆人为自己的苦命发牢骚而被人知晓。那个仆人的牢骚被英国的诗人乔叟听去了。乔叟（公元 1340~1400 年）是英国的诗人，代表作是《坎特伯雷故事集》，写的是一群去坎特伯雷朝圣的人在旅途中轮流讲的故事，生动形象地描绘了英国 14 世纪的社会生活，刻画了英国各阶层的人物形象。

在他短暂的几十年的人生里，他做了 7 年的天主教僧侣，但是他在艺术

方面的造诣却始终没有提高。在没有成为天主教僧侣的仆人之前，他是一个非常注意自身形象的人。那时候他是一个绅士，穿着漂亮整洁的衣服。然而现在的他，却变得十分邋遢，健康红润的面色也变得像僵尸一样苍白，那是由于许久不晒太阳导致的，或许还有工作压力或者自身营养方面的原因。炼金术是对人有害的。这个让人痴迷的法术把这可怜的炼金术士的仆人变得一无所有。它好像有魔力一样，促使每个迷恋它的人为之奉献。当有一天发现自己的钱包空空如也的时候，已经让人后悔莫及了。或许那个时候，他也会对其他没有迷恋炼金术的人说，你们也去研究炼金术吧。其实，这并不会为他的境况带来什么改变，却可以让身边的人陷入和他一样的境遇之中。曾经有一个僧侣说过，那些可恶的人给自己身边的人带来厄运，他本身并不会得到什么益处，却可以从别人的痛苦中让自己获取快乐。

天主教僧侣的仆人为我们讲述他们的工作。当他们进行炼金术实验的时候，他们感到非常骄傲，就好像他们自己是很了不起很有学问的人。但他干的只是一件很不起眼的事，往炉子里提供足够的空气而已，这件枯燥的工作让他感觉自己的肺像气球一样膨胀，几乎都快要爆炸了。在他们的实验物质中有白银，有烧过的骨头，甚至有铁屑。这些可怜的仆人要把那些奇怪的物质研磨成细细的粉末，放进黏土制成的容器里面，像烹制食物一样撒上盐和胡椒，用玻璃罩扣在容器上。除了这样，他们还要负责许多琐碎的事情。

这些事情讲起来也没有什么意思，因为无论他们怎样忙碌，也都不会成功。他们付出了辛勤的劳动，但是劳动白费了，而且最令人讨厌的是他们的财富莫名其妙地消失了，消失在了炼金术的研究过程上。那些仆人们要做的事情还有很多，以至于多到连他们自己都记不清了。

在炼金术士的实验室里，有各种各样的玻璃制成的容器，有黏土烧制的容器，还有铜绿，青金石和硼砂。他们进行的工作是那样繁琐，如果要全部写出来，就算是有一尺厚的书籍也不够描述，但是这些仆人做这样的工作并不会有谁给他们一文钱的报酬。

哲人石这种东西是每个炼金术士都期盼的，也是每个炼金术士努力的方向，他们为了它做了许多。但是，谁都没有见过那种东西，一次都没有，即使他们再努力，那种东西也没有出现。就算是这样，炼金术士们也没有放弃，因为只要他们一直在努力，他们就觉得有希望。每个炼金术士都在期待，希望自己在未来的某一天能得到那神奇的哲人石。

因为有希望，所以他们不会放弃。有些事情一旦开始，就不是那么容易停止的。所有的炼金术士都是这样的，他们会花费掉自己所有的财产，投入到炼金术的实验中去，那些炼金术士永远也不能从那种狂热的状态中清醒过来，直到他们一无所有的时候。不，或许等到他们一无所有的时候也不能清醒。

无论他们走到哪里，人们都可以轻易地认出来——这是炼金术士，他们的身上有硫磺的气味，有实验室的气味，那种气味并不好闻。

在装着各种金属的容器被放到火上之前，炼金术士不允许其他人触碰他们的容器，因为那太容易爆炸了。炼金术士自己把容器中的物质搅拌均匀。尽管在大家眼中，炼金术士已经非常的谨慎了，而且他还是一个很博学的人，但是实验还是一次又一次地失败，连容器都会碎裂掉。甚至有的时候，容器的碎片和炸飞的金属片飞得到处都是，飞到地面上，飞到天花板上。并不是有谁没有尽到自己的努力，或者有谁产生了什么坏心眼，炼金术士和他的仆人们认为是魔鬼阻止了这一切。每个人都闷闷不乐，他们低声地诅咒着，抱怨着……是因为给炉子鼓风的人吹得不好？或是负责物质配比的人比例配得不对？还是燃料的种类使用得不一样？炼金术士找到了一个正当的理由，那个装有金属的容器上面有一道裂纹，就是那里的原因吧。于是炼金术士和他的仆人们开始收拾残局，他们把垃圾扫在一起去扔掉。他们安慰自己：这一次没有成功，也许下一次就可以了，下一次就能够找到那种可以点石成金的神奇物品了。这种事情就像是冒险，像是商人出海航行，有的时候会遇到风暴，但是有的时候，大船就可以顺利地开到岸边。

炼金术士又想出了一个新的办法来进行工作，他觉得自己找到了真正的道路，然后继续进行实验。在这个时候，他的另一个仆人又在重复刚才的结论：或许是火太大了。

其实他们也不知道进行炼金到底需要大火还是小火，他们只是知道这次又没有成功。炼金术士和他的仆人们总是不能够达到自己的目的，他们只能盲人摸象一样继续前行。但是在那久远的 13 世纪，那时候的科学只能达到那个样子。

即使是现在，我们的化学家还是经常呆在实验室里进行试验，融化着、燃烧着、搅拌着、研磨着一些什么东西。虽然实验室里有各种通风的设备，但是依然会感觉到那些有毒的气体。虽然做实验的人会非常小心，却依然会发生一些意外，或者灼伤自己的手，或者在工作服上面留下实验失败的痕迹。但是即使这样，人们依然愿意工作在实验室里。现在，化学家的烧杯也会破裂，他们的坩埚也有可能被炸得粉碎，或许他们精心设计的试验会被一次小小的爆炸给炸毁，毁坏掉许多天的工作成果。或许吸引化学家一直呆在实验室里的东西就是曾经引诱过炼金术士的那种研究热情吧。

如今，化学这门现代科学已从炼金术中脱离了出来，科学家们终于明白了所谓的哲人石是不会出现的。黄铜和黄金都是黄色的，但是黄铜永远也不能变成金子。但是科学家们依然没有抛弃自己的烧杯和坩埚，在他们的眼中，遮掩小世界的迷雾已经渐渐散去，但在浩翰的科学长河中，还有许多未解开的迷团，等待着他们去解答……

第 02 章

·不可预知的危机·

这真是一次可怕的危机，一次全世界都要面临的危机：游牧民族和农业民族的斗争。或许事情变得更加糟糕了，那些游牧民族变得更加会打仗了。以前他们只是使用蛮力，而现在他们在中亚细亚的民族那里学到了他们之前闻所未闻的新技术。

车轮上 的 游牧民族

就在西方的大学生都去巴黎的拉丁区求学的时候，就在炼金术士还在期望着提取出哲人石和黄金的时候，在遥远的东方正在进行着一场将会改变很多人命运的规模宏大的战争。这时候的巴黎有着耸峙的高塔，有着林立的风向标和尖屋顶；俄罗斯有着宏大的教堂和精致的石头雕刻。

而在东方中亚细亚的沙漠和草原之上，却没有什么宏伟的建筑，人们只能够住在毛毡做成的帐幕里面。那些中亚人不事农桑，只知道依靠自然，他们只知道到处掠抢，他们过的是游牧的生活，他们生活在自己组装的、可以流动的住所——车轮上。每当游牧民赶着牲畜走在草原上的时候，赶车人的声音、牲畜的声音和成千只车轮的吱吱呀呀的声音构成了一支奇异的乐曲。在周围很远的地方都可以听到这样的乐曲，就好像整片大地都在移动，都要流动到其他地方去。

每当这些游牧民族走过之后，大地就会留下一片难看的伤疤。那些青草都不见了，他们进入了牛羊的腹中；那些村庄和城市也都不见了，他们被劫掠和破坏了。城市里原本的主人多年的积蓄被抢走了，而那些东西的主人，有的被打死了，有的成了俘虏或奴隶。游牧民族就像洪水一样蔓延了这片大地。他们跑进了中亚细亚的城市和绿洲，甚至在高加索的雪山，在格鲁吉亚的盆地和峡谷之中都可以看到他们的踪影。他们突破了黑海边的草原，他们冲进了匈牙利，他们冲进了亚得里亚海沿岸。

为什么原本居住在草原上的游牧民族会忽然之间要征服那些农业国家呢？这一切都是因为草原上出现了一个特殊的人。那是一个智勇双全的人，他把蒙古民族统一成了一个强大的游牧帝国，他就是成吉思汗。成吉思汗（公元1162~1227年）就是元太祖，名铁木真。成吉思汗统一了蒙古诸部，

▲ 成吉思汗

1206年被尊为大汗，称为成吉思汗，建立了蒙古帝国。

成吉思汗带领着他的军队征服了中国北部、东土耳其斯坦、中亚细亚，一直到外高加索和欧洲东部。1227年，成吉思汗死后，他的后代拾起了他的旗帜，继续西征。全世界都对这个游牧民族的崛起和推进感觉到惊恐。罗马教皇派遣和平使者去蒙古与大汗进行和平友好的谈判。

罗马教皇的使者是意大利人普兰诺·卡尔平尼。普兰诺·卡尔平尼（公元1182~1252年）是法兰西斯派的会士，在1245年的时候被罗马教皇英诺森四世派往蒙古，带有教皇致蒙古汗书信。他在第二年到达了伏尔加河旁的拔都帐，继续向东行进，到达达卡拉和林附近，见到了大汗，并且带回了大汗的回信，在第二年回到欧洲向教皇复命。捷克的斯提文和波兰的穆尼提克与普兰诺·卡尔平尼同行。他们骑着马在森林中行进了106天，他们走到了中亚细亚沙漠，在途中经过第聂伯河、顿河和伏尔加河。他们行进途中的城市都被游牧民族毁掉了。在道路两旁的草丛之中可以看到凌乱的白骨。以前繁华的城市都消失了，只遗留下很少的房子。

终于来到了蒙古大汗的议事之所。罗马教

▲ 罗马教皇的使者意大利人卡尔平尼前往蒙古组图

皇派来的三个使节混杂在从各方来的使者之间都辨别不出来了。那些来表示臣服和效忠的使节和首领大概有 4000 多人。营帐中间有一个巨大的帐幕，每天都有大约 2000 人聚集在其中。他们每天穿的衣服颜色都不一样，第一天会穿白色的衣服，到了第二天就把衣服换成了红色，第三天都穿蓝色的衣服。使节们都坐在地毯上等待着大汗的出现，所有的目光都集中在那扇只有大汗进出的门上面。终于他在众多护卫的护送之下出现了，人们都跪倒在了他的面前。或许是像这样，全世界都好像愿意屈服在蒙古大汗的面前。

罗马的使节们能做的事情就是耐心地等待，直到大汗愿意接待他们为止。蒙古大汗交给使节们一封用蒙古文、拉丁文和阿拉伯文一起写成的回信。由此看来，他并不缺少翻译的人才。蒙古大汗在他的信里对罗马教皇说："你应该带着你所有的国王和军队亲自来到这里向我宣誓效忠，向我表示敬意。如果不是那样，你就不算真正的归顺于我们，你将会是我们的敌人。"那三个基督教的僧侣带着这样的回答，踏上了遥远的回乡之路。

这真是一次可怕的危机，一次全世界都要面临的危机：游牧民族和农业民族的斗争。或许事情变得更加糟糕了，那些游牧民族变得更加会打仗了。以前他们只是使用蛮力，而现在他们在中亚细亚的民族那里学到了他们之前闻所未闻的新技术。他们把攻城机器拉到离城墙很近的地方，他们用巨大的抛石机把大块的石头扔进城里面，把燃烧着的东西扔到城中点燃房子，他们用巨大的木头撞击城门。强悍的游牧民族拿下了一座又一座的城市，他们不想停下继续前进的脚步。

如果整个欧洲被他们攻破会怎么样呢？世界又会回到从前吧。那些有名的城市会被他们变成只能让后人们猜测的遗迹，那些漂亮的景色会变得一片狼藉。

但是游牧民族的进攻并不是那么顺利的。在俄罗斯人的城市面前，他们遇到了阻挠。石头的城墙被他们破坏了，但是仅仅一夜的时间，一座木头做的城墙又重新建立起来了。每一个城市都团结起来了，他们共同防御，他们成为了游牧民族前进的障碍物。整个俄罗斯的土地都变成了阻挠游牧民族前进的堤坝。如果所有的俄罗斯人都团结一心，那么他们就可以抵御得住冲击。

但当时并不是所有的俄罗斯人都能够团结在一起。那是 1223 年，在卡尔卡河[1]上有一些王公在用生命在战斗，但另一些王公却只是在一旁看着，看着敌人践踏自己的同胞。到处都有燃烧的大火，刺鼻的、焦糊的气味从东方蔓延过来。那并不是一座房子，甚至不是一座城市能够造成的气味，那是几十座城市在同时燃烧所造成的。俄罗斯民族筑起的防线终于被游牧民族冲破了，苦难和厄运开始在俄罗斯人、波兰人和捷克人的土地上蔓延。

捷克人靠着国土内的山脉保住了他们的国土，那些来自草原的游牧民族并不习惯于在山区作战，他们的数量在从俄罗斯打仗的时候就已经被严重地削弱了。

就在俄罗斯人陷入同游牧民族战争的时候，瑞典人和日耳曼人又开始从西方过来攻击俄罗斯人。俄罗斯人用他们的胸膛抵御了游牧民族，保护了身后的欧洲，却不曾想到被身后的邻人狠狠地刺了一刀。他们需要赶到涅瓦河畔抵抗瑞典人，还要到楚德湖畔去歼灭日耳曼骑士。但是他们没能成功地赶走游牧民族。俄罗斯人已经做得很好了。

但游牧民族已经没有力量再向西去攻打欧洲了，因为他们不敢绕过并没有屈服的俄罗斯去攻打欧洲。游牧民族停止了前进，但俄罗

▲ 钦察汗国的创建者拔都命俄罗斯人臣服蒙古

1　卡尔卡河在今天的乌克兰境内，最终流入亚速海。

斯人的生活并没有因此而好过，他们的城市都被毁掉了，人民躲进了山野林间，那些被践踏过的耕地长满荒草。

在这场战乱之中，人们宝贵的书籍遭到了极大的劫难。那些珍贵的手抄本从附近的村庄里被拿出来，放到了石头建造的教堂里面，它们一堆堆地被乱丢在教堂的石头地上，没能够逃过被焚毁的命运，消失在了火光里。但是俄罗斯人依然会铭记以前的辉煌，并且坚信自己的民族一定会有光明的未来。

俄罗斯的恢复

那些游牧民族终于被战胜了。在战争中留得性命的居民渐渐地从森林回到城市。温馨的家园没有了，很多亲人都死去了，以前的城池已经不能够被人们认出了。看看自己，已风烛残年，头发白了，脸上也增添了许多的皱纹，从前的生活已经不可能再寻觅回来了。他们需要重新开始，需要新的生活。

斧子砍断了依然在生长着的树木，人们用那些尚未完全干透的木头建造新的房子。原来的房子被损毁了，新的房子在原来房子的地基上建了起来。新房子构成的聚集区被新的围墙围了起来。

莫斯科重新成长起来了，在河湾上，在克里姆林周围，俄罗斯在不断地成长和扩大。莫斯科公民终于把一个个的村庄和城市陆续建好了，整个莫斯科都在不断地成长，所有人民的力量被全部凝聚在了一起。

到了14世纪，俄罗斯变得更加强大了。它积蓄到了足够多的力量，变得团结坚固，开始跟它的敌人们不断地斗争，在斗争中试验自己的力量。就在不久之前，俄罗斯的王公们独自在草原上和游牧民族作战。而如今，他们团结起来了。

季米特里·伊凡诺维奇（公元1350~1389年）是莫斯科大公、弗拉基米尔大公。莫斯科大公国由原来的弗拉基米尔大公国分列而成，后来割据自主。季米特里·伊凡诺维奇1359年就做了莫斯科大公，1363年又继任弗拉基米尔大公。统治期间实行统一全俄罗斯的政策，加强中央集权统治。1380年在顿河附近的库利科沃会战中击败游牧民族，所以得名季米特里·顿斯科伊。以季米特里·伊凡诺维奇为首的莫斯科大公们，一起同心协力地向游牧民族进攻。现在已经不是游牧民族在欺负俄罗斯，而是俄罗斯人在反攻了。莫斯科正在不停地强大起来。

▲ 季米特里·伊凡诺维奇（即伊凡一世）

石头城墙代替了原来的木围墙，围绕在克里姆林的周围，它们更加坚不可破。在俄罗斯城里，莫斯科或者别的其他的城市，许许多多的能工巧匠在建造教堂，建造修道院和王公的宫殿。

安德烈·鲁伯略夫是俄罗斯最有名的画家，他现在正在画"大公宫廷里圣博拉哥维西尼亚的石造教堂"。鲁伯略夫画得最好的画是一幅"三位一体"的图像，那是他在塞尔格叶夫三一修道院所画的图像。

如果想要找出和那幅画相媲美的画来还是真的不太容易。那里有三位坐在桌前的天使，桌子上有一只装着水果的碗；天使们并没有交流，她们在沉思；她们低垂着头，衣服上有许多褶子。这幅画让人们想起了古希腊的优秀作品，但是俄罗斯的匠人更加了不起，因为古希腊的匠人只会描述优美的肉体，而俄罗斯的匠人却把人的心灵也描述出来了。每次看到鲁伯略夫画的那些天使，都好像听到了悲哀的俄罗斯歌曲。透过坐在中间的天使，可以看到一棵被风吹弯折了的树，但树木依然没有断裂。树的后面是山，山和树就好像是在重唱天使的悲伤一样。

《伊戈尔兵团战士歌》也是这样把大自然跟人的心灵相提并论：青草因为同情而低下了头，绿树也悲哀地向地面弯下了腰。鲁伯略夫把让人哀伤的情绪和坚定的力量刻画在了自己的画面里面，那是俄罗斯人被侵略过的悲哀，那是已经要解放和兴盛的力量。

一个世纪之后，游牧民族重新带兵来犯莫斯科，这已经不是以前的莫斯科了，守护莫斯科的军队也不是以前的军队了，俄罗斯已经变得强大起来了。当俄罗斯人们把公国都团结起来的时候，蒙古人原本强大的金帐汗国 [1] 却已经分裂成了几个相互敌对的小国家。

时移世易。现在已经不是俄罗斯的王公们在内战，而是游牧民族在内战。俄罗斯人在历史的书页中又写下了浓墨重彩的一笔。游牧民族还是和以前一样落后，他们不过才走到俄罗斯人许多年前就已经走过的那条道路。

游牧民族来到了莫斯科城下，他们的军队已经失去了以前的锐气，不敢和强大的俄罗斯军队开战，他们仅仅是逗留了一下，便回到他们的国家了。

西欧和俄罗斯已经被分开了两个世纪了，是被游牧民族分开的，然而现在，这个世界又好像在渐渐地融合起来。在很早以前，有个俄罗斯王公的后代统治了整个法兰西，而另一个王公的女儿做了盎格鲁 - 撒克逊人国王的妻子。而基辅同欧洲的其他城市来往密切，基辅的王公们可以熟练地掌握希腊语、拉丁语和德国语，甚至像说俄罗斯语一样熟练。但是在13~14 世纪这 200 年里，俄罗斯人几乎已经完全被西欧忘记了。那些在法兰西或者英吉利的人说，在波兰的另一边，在立陶宛的另一边，有一个非常大的北方国家。那里或许

1　金帐汗国以其金色的帐殿而得名，也叫钦察汗国。金帐汗国是成吉思汗长子术赤的封地，开始的时候有咸海和里海北钦察旧地。术赤的儿子拔都远征版图西到多瑙河下游，东到今天的额尔齐斯河，南到高加索，北到苏联保加尔地区。1243 年建都萨莱。14世纪，由于内讧，人民反抗，国势转弱。14世纪末曾经败给了莫斯科大公季米特里·顿斯科伊，之后分裂成了许多相互独立的汗国。

是属于蒙古人，或许是属于波兰人。吕贝克和不莱梅的日耳曼商人还没有完全忘记俄罗斯人。汉萨[1]同盟在诺夫哥罗德有着自己的生意场所，但是他们拒绝让别的西欧国家的人到这里来和俄罗斯人接触。

游牧民族的金帐汗国已经崩溃了，而俄罗斯的各公国聚集起来形成了一个统一的国家。莫斯科同梁赞和特维尔[2]之间已经不再打仗了。他们已经实现了弗拉基米尔·莫诺马赫时期的编年史作者所幻想的那种团结了。住在莫斯科的人现在不是莫斯科的大公，而是"全俄罗斯"的君主了。

第一批使节从莫斯科出发到西方去了。就像一本名为《莫斯科的使节》的书，那本书给人印象深刻，是作家巴维尔·约维写的。有许多看过这本书的读者给约维写信，他们称赞他给天下打开了一个新的世界。就像一个爱好哲学的人说的那样："约维，我将开始相信德谟克利特的另一个世界了！"

莫斯科的使节从俄罗斯到了威尼斯，来到了罗马。政府给使节的命令是去寻找那些能工巧匠；那些知道怎样把矿石和泥土分开的匠人；那些会建筑城池的精巧工匠；那些会放炮的炮手；那些会熔铸大银杯的精巧银匠。

莫斯科的工作正在热火朝天地进行着，但是本国的工匠已经不够用了，只能再从外国寻找工匠。人们正在克里姆林宫拆除的旧的宫殿和教堂的原址上建立起新的建筑物。来自不同地方的工匠在一起展示他们的手艺，不管他是来自莫斯科，来自俄罗斯的其他地方，还是来自其他国家。

重建伏芝涅谢尼[3]教堂是一件非常艰难的任务，教堂在火灾的时候被烧坏了，它的圆形的拱顶移动了位置。这项艰难的任务交给了叶尔莫林和他的石匠们。为了保留所有留存下来的东西，叶尔莫林决定不把圆形的拱顶整个地拆除，而是对它进行修缮。这并不是一件容易的工作，那些烧焦了的、打碎

---

1 汉萨一词在德文中的意思是公馆会所，汉萨同盟是14~17世纪北欧的众多城市一起结成的商业政治联盟，以北德意志的众多城市为主。最初只是汉堡、吕贝克和不莱梅几个城市之间的联盟，1367年正式成立同盟，参加这个组织的城市有70个以上，多的时候超过了160个，他们以吕贝克为首。

2 梁赞和特维尔都是由原来的基辅国家分裂成的小国。

3 伏芝涅谢尼是俄文的音译，意思是耶稣升天。

不可预知的危机

了的砖体需要被拆除，他们要把随时都有可能掉落的拱顶修补好。做这件事情并不是只要有勇气和技巧，还需要许多的知识。

叶尔莫林以及那些和他一起工作的人大概并没有研究过物理书，不知道力学及支点是什么。但是他们不止一次地观察过大自然这本书，在平日工作时，他们在和石头的重量斗争的时候，就已经利用到平衡的规则，掌握了杠杆的原理。在石头需要平行移动的时候，他们会用到杠杆；在石头需要被运到高处的时候，他们会用到滑轮，他们并不称其为滑轮，而称作"绞辘"。

工匠们圆满的完成了他们的任务。教堂重新矗立在那里，就像新的一样，就像从来都没有经过一场大火似的。史书的作者把这件事情记录了下来，把它放在别的重大的事件之间："他们并没有把整个教堂完全拆掉，只是把四面烧焦的石头都去掉了。圆形的拱顶被他们修建起来了，那就像是魔术一样，结果让所有的人都感觉到惊奇……"

乌斯宾斯基[1]教堂建在了克里姆林，那是一座古代俄罗斯风格的教堂，是意大利的建筑学家亚里士多德·费奥拉文建造的。来自俄罗斯的工匠和来自外国的工匠聚集在一起讨论着建筑上的问题：胶泥到底是什么成分构成的？怎么样才能使它们的黏度更大一些？

莫斯科人对于可以将石头吊起来的巨大滑轮感到惊奇。在这座教堂建立起来之后，又有许多的教堂也被建立起来，大公居住的宫殿也在建设之中。石匠们雕琢着一块块的石头，用来作为格拉诺维塔亚厅[2]的镶面石，大公们会在那里接见来自各地的使节们。

克里姆林宫被高而宽的石头围墙围成了三角形，每个脚上都有一个炮塔，每一面上都有 7 个炮塔。

莫斯科正在不断地变宽变高。那个对于西方的国家来说十分陌生的北方

1　乌斯宾斯基是俄文的音译，意思是圣母升天节。圣母升天节在俄罗斯旧历的八月十五。

2　格拉诺维塔亚厅是克里姆林宫的大客厅，格拉诺维塔亚是俄文的音译，意思是多面的。

王国的消息越来越多地传到西方国家去。许多西方国家派出人，想要了解这个新地强大的王国到底是怎么样的一个国家。来自日耳曼的骑士波彼尔来到了莫斯科，但是莫斯科人并不欢迎他，他们要求他离开这里，回他自己的家里去。波彼尔回到家里，把他这次的所见所闻讲给家乡的人听。在他的描述中，蔓延在波兰那一边的俄罗斯，远远地伸展着，那是一个独立的国家，俄罗斯的统治者既不是蒙古的大汗，也不是波兰的国王。俄罗斯的君主比波兰的国王还要富有。

德意志和神圣罗马帝国的皇帝腓特烈三世派了波彼尔，带着使命到莫斯科去见伊凡三世[1]，如果俄罗斯的君主能够把自己的女儿嫁给藩侯巴登斯基，那么他将可以赐给俄罗斯的君主一个国王的称号。但是伊凡强硬地拒绝了来自德国的使者，他说俄罗斯的国王封号从来都来自于神的恩赐，他们最早的祖先就是这一片土地上的君主，他们不希望接受任何人的馈赠，也不需要接受任何人的馈赠。

俄罗斯人民重新昂首阔步站在了历史的舞台上。伊凡是全俄罗斯的君主，他的权利是上天授予的，不需要其他的什么人来指手画脚。

▲ 伊凡三世·瓦西里耶维奇（公元1440~1505年10月17日），是莫斯科大公，在位时间1462~1505年。人称伊凡大帝，被部分俄罗斯史学家认为是俄罗斯帝国的开创者

---

1 伊凡三世是莫斯科大公。他先后合并了亚罗斯拉夫公国、罗斯托夫公国、诺夫哥罗德公国、特维尔大公国等，1480年摆脱了金帐汗国的控制，又击败了窝尼亚骑士团和立陶宛军队，统一了东北俄罗斯的大部。

莫斯科的王公从自己的祖先手中继承了一顶特殊的古老的帽子，那是莫诺马赫的帽子。那是拜占庭皇帝送给弗拉基米尔·莫诺马赫的王冠。和这顶王冠一起送来的还有罗马的奥古斯都曾经使用过的一只玉髓杯。

这是三个半世纪以前的俄罗斯人的思想，我们是通过传说了解到的。在那些古人的心中，他们一直相信，俄罗斯一定会变成和从前的罗马、拜占庭一样的世界文化堡垒。曾经有一个老僧侣在一所俄罗斯的修道院里面作出过这样的预言：从古至今，世界上有过两个罗马，第一个是真正的罗马，它因为自己不相信神明而灭亡了；第二个是拜占庭，它被土耳其的摧残弄崩溃了；而第三个罗马就是莫斯科，它现在坚强地屹立着，并且将一直屹立下去。所以再也不会出现第四个罗马了。

在伊凡三世时代的莫斯科，那里的繁华程度还赶不上罗马，但是这里也完全不像之前类似于一个农牧时代的村庄的公园，这里是一座热闹的城市。在克里姆林旁边有许许多多的店铺，它们就像是立在一起等待检阅的士兵。那些商人的柜台上有着来自中国的丝绸和来自威尼斯的天鹅绒。在卖杂货和草药的地方，可以看到来自印度的谷物和药草。虽然这个世界被游牧民族用大刀分开过，但是现在，它又重新融合在了一起，而且被割裂的痕迹仿佛在时光中慢慢地消散了。

意大利的商人们长途跋涉地去莫斯科进行交易，他们会经过黑海，经过克里木，经过意大利的城市卡法。俄罗斯人也把来自俄罗斯的特产运到土耳其和波斯的市场中去。特维尔的商人阿法纳西·尼吉丁[1]出发到三海之外，他要前往之前只有少数欧洲人才去过的印度。

1　阿法纳西·尼吉丁是俄罗斯的旅行家，他在1466~1472年间旅行到了波斯和印度，著有《三海纪行》一书，在1853年出版。

第03章

·人类命运的变数·

野兽未来会成为什么样子，在它们母亲的肚子里面的时候就已经被决定了。而那些神明的高等灵魂从一开始的样子就是他们永远的样子。只有人类的命运有着无数的变数和不确定性，他们可以自己改变自己的命运。

在整个行星之上旅行

人在地球上远行，5000 千米已经不算什么特别遥远的距离了。

人类的足迹登上过帕米尔高原，那里特别寒冷，就算是火焰的颜色也和别处有着极大的不同。

人类的足迹经过了中亚细亚经常发生大风暴的草原，风暴是那样的大，就像是神明在发怒，风暴把骑马的人和他们的坐骑卷着往回走，因为四周飘满了飞扬的沙尘，所以人们什么都看不到。

人类横越了巨大的戈壁沙漠。那是一个非常大的沙漠，即使走上一年也穿不过去。沙漠里到处都是山，到处都是沙子，还有溪谷。在沙漠中是找不到食物的。有时候，就算走一天一夜，也不一定能够找到水源。就算是费尽千辛万苦找到了水源，也会是苦涩的。沙漠里连飞禽走兽都没有，因为那里既没有食物，也没有充足的水源。鸟类飞不过沙漠，走兽跑不过沙漠。但是人类却穿越了沙漠。

人类走在自己的星球之上，发现了以前并不知晓的许多东西，他们一点也不感觉到惊奇。他们发现了一种叫做煤的石头，那种石头竟然能够燃烧供人使用。他们还看到了以前从未见过的犀牛，看到了海里巨大的鲸鱼，看到了郁郁葱葱的热带森林，看到了马达加斯加岛上快要绝种的巨鸟的残骸。有一种叫做隆鸟的鸟类，它们翅膀尖的一端到另一端竟然足足有 16 步远。在中国有镀金的宫殿，在印度有巨大的佛像。探险家回到西欧讲述他们的所见所闻，但是人们也只是当作奇怪的事情听听罢了，他们并不相信，因为这离他们的生活实在是太远了。

在13世纪末，威尼斯商人马可·波罗[1]几乎游历遍了全世界。在陆地上，他走到了遥远而又古老中国的东海岸，他乘船回去的时候经过了印度。

他那本记述了自己游历见闻的游记并不为人们所接受，在其他人的心中，那是谎言。就连他死的时候，神甫都在奉劝他悔过自己的谎言。马可·波罗拒绝了，他说真实的世界要比自己描述的更加神奇，更加富丽堂皇。时光又过去了几十年，意大利人巴尔杜契·彼哥罗提编写了一本马可·波罗去过地方的旅行指南。在以前的时光里，欧洲人从来没有踏上过东方的土地。但是在今天，商队已经沿着阿斯特拉罕[2]和乌尔坚奇，伊塞克湖[3]走向沙漠和戈壁的深处了。

▲ 马可·波罗，又译马可·孛罗、马哥·波罗、马哥孛罗，1254年9月15日~1324年1月8日）是意大利威尼斯商人、旅行家及探险家。元朝时，随他的父亲和叔叔通过丝绸之路来到中国，担任元朝官员。回到威尼斯后，马可·波罗在一次威尼斯和热那亚之间的海战中被俘，在监狱里口述其旅行经历，由鲁斯蒂谦写出《马可·波罗游记》。他的游记使得众多的欧洲人得以了解中亚和中国

1　马可·波罗是意大利的旅行家，他出生在一个威尼斯商人的家庭，大约在1271年11月和叔父一起经过两河流域、伊朗高原，越过帕米尔来到了东方，在1275年5月得到了元世祖忽必烈的信任，在元朝做官17年，足迹遍布全中国。他在1292年离开了中国，坐船从海上回到了威尼斯。他在1298年的战争中被俘虏。他在狱中讲述了自己在东方的所见所闻，并且由狱友整理成了《马克·波罗游记》。

2　阿斯特拉罕是苏联伏尔加河三角洲上的城市，那里距离里海大概100千米，15~16世纪中叶曾经作为阿斯特拉罕国家的都城。

3　伊塞克湖是天山山脉之中的一个湖，在今吉尔吉斯斯坦境内。

人类命运的变数

《三海纪行》

还有另外一条不需要穿过戈壁和沙漠就到达东方的道路。那是一条沿着伏尔加河顺流直下的通道，人们可以走水路通过里海前往波斯和印度。阿法纳西·尼吉丁是一个来自特维尔的商人，他就是沿着这条通道到达了印度。他的商船上装载了两船的毛皮。带着那么多的货物前去遥远的印度是需要非常大的勇气的。他坐的船舶不是什么大的船舶，不像旧日里中国皇帝出行时用的那种楼船，只是小帆船而已。船上有粗布帆的船桅，有16支船桨，用一个长长的撑篙代替了船舵，宽甲板下面的小舱里面装满了货物，就这些简单的结构就构成了一条商船。在路过诺夫哥罗德的时候，尼吉丁遇到了一个人和他一起进行接下来的旅程。那个人是要从莫斯科回到自己家乡的舍马哈[1]的大使，他替俄罗斯大公带了给舍马哈大汗的90只活鹰。在经过伏尔加河口的时候，尼吉

▲ 阿法纳西·尼吉丁，俄国旅行家。1466年自特维尔出发，沿伏尔加河入里海，抵波斯。后出波斯湾，东渡阿拉伯海到印度，旅居三年。1472年西渡至东非，再转入波斯湾，北上达黑海，终抵卡法（Кафа，在克里米亚半岛）返国。所著《三海纪行》书中，叙述所经各地见闻，其中关于印度的记载最详

---

1 舍马哈位于阿塞拜疆共和国境内，在高加索山脉南麓。

丁的商队被蒙古人给洗劫了，他虽然没有了可以贩运的货物，但是他依然想要进行接下来的旅程。于是他搭乘着舍马哈使节的船只到了杰尔宾特，然后从那里在陆地上去波斯和印度。他不想继续做毛皮的生意了，所以买了一匹马，准备去印度贩卖，但是他失败了。他想要带着稀奇的印度货物回到俄罗斯，但是一直都没有考察好要贩运货物的种类。

尼吉丁感到很沮丧，很生气。传教士告诉他那里的东西很多，物产丰富，但是他们土地上的东西却没有什么是尼吉丁需要的。虽然胡椒和香料很便宜，但是税官不让运。如果从海上通过的话，可以躲避纳税，但是海上的强盗又很多，常常会使远行的商人被洗劫一空，血本无归。

尼吉丁在印度的城市里独自地行走着。他走在一个个的城市之中，走在一个个的市场之间，这对他并没有什么意义。异乡的生活并不是人们所喜欢的，这是一个陌生的地方，几乎所有的一切都不同于自己的故乡，就连他们的肤色和穿衣的习俗都不一样。吃饭的时候，这些人不用刀子，也不用勺子，而是用手抓着吃。他们并不是聚在一起吃饭，而是单独地吃喝。

印度的天气特别炎热，就算在冬天都像在澡堂里一样，让来自北方的人感觉到格外的难受。就算是这样，尼吉丁也在奋力地保持着俄罗斯的风俗习惯。这是很难做到的，因为他在别人的国家里，在别人的土地上，那里只有他自己是俄罗斯人。就这样他忍受了 4 年，后来他实在受不了了，整理装束回到他自己的家乡去了。

回家乡的愿望是那样的强烈，他好像不知疲倦地一直走下去。从印度到特拉布松 1，然后再从特拉布松渡过里海，到达热亚那的要塞卡法，再从卡法前往特维尔。虽然尼吉丁迫切地想要回去，但是他最终并没有回到家乡。他死在了异国他乡，死到了前往斯摩棱斯克的路上。

大概他在回家的路上也在回顾自己的这一生吧！他想到遥远的地方去发财，却是两手空空的回来。他没有带回黄金和白银，没有带回丝绸和香料，

---

1 特拉布松在今天小亚细亚的东北部，靠近黑海的地方。

▲ 阿育王石柱

但是他带来了更珍贵的东西。那个东西在他背包的行囊里面，这个行李比黄金还要珍贵。尼吉丁死去了，人们在他的行囊之中找到了一个笔记本。这本笔记本被送到了莫斯科大公的手里。黄金可以在许多人那里得到，但是这个笔记本却是独一无二的财富。尼吉丁记录了那么多在异国他乡的生活，那些可以让俄罗斯人感到惊诧的东西。那些事实比童话还让人感到惊奇。

在尼吉丁的记述里面，海外有奇怪的走兽和飞禽，有壮丽的宫殿和庙宇。苏丹的宫殿有着7个大门，在每一个大门之中都有100个看门人。宫殿是那么的精致和尊贵，宫殿上都用黄金和雕刻装饰着。每一块石头上都雕刻着花纹，并且被镀上了黄金。苏丹带着他的母亲和妻子离开宫殿出行的时候，有许许多多的仆人跟着他们。有1万个骑马的人，有5万个步行的人跟着他们，200个穿着华丽甲胄的人牵着大象。在苏丹的前面，还有吹着喇叭和跳着舞的人，300匹套着金马具的骏马和100只猴子跟在他们的后面……

尼吉丁对周围的一切都非常好奇，那就好像是一个奇幻的世界，有跳舞的人和奇怪的猴子大象。大象的鼻子和象牙上系着巨大的剑，象的身上也有着沉重的甲胄，大象身上背着炮台和炮手。猴子是住在森林里面的，它们有自己的国家，自己的君王，自己的军队。如果谁欺负了它们，猴王就回去派自己的军队攻击他们，它们进城之后会把人痛打一顿。据说它们军队的数量很庞大，它们也有属于自己的语言。在印度，圣城里的佛寺最让尼吉丁感到惊愕了。那些佛寺那么高，有半个特维尔城那么大。佛寺是用石头建造的，上面雕刻满了佛陀的事迹。那些佛陀是怎么出现的，又是怎样拯救人民的，是怎么打败厉害的妖怪的都可以在雕刻之中找到答案。全印度的人都去佛寺之中看佛陀的奇迹。石头雕刻而成的佛像非常巨大，那是一个猴子的样子，却有着人的身体，高举着右手，尾巴伸过了身子。在佛像的前面有一头很大的用黑石头雕成的牛，人们亲吻这头牛的蹄子，向它的身上撒鲜花，也向佛祖的身上撒花。

尼吉丁一点点地记述了印度的事情。那样奇怪无比的事情不仅俄罗斯的人没有听过，就连欧洲的人也没有听过。

在那个时候，瓦斯哥·达·伽马[1]要去印度的船舶还没有开始建造呢。

财 富 是这样产生的

世界的疆域越来越大。就算是很小的孩子都知道，在遥远的地方有黑人居住。

有一些小孩子围着一个黑人不断地打量，那个人的肤色就像是夜空一样深邃，但是这个黑人也只是被画在贸易所的墙上。这是在沿海的里加城[2]。每当海上起风的时候，这所房子的风信标就会转动起来。那是非常有趣的风信标，

---

1 瓦斯哥·达·伽马是葡萄牙的航海家，在1497年的时候奉葡萄牙国王的命令从里斯本出发，绕过非洲南端的好望角，在1498年到达印度，在1502~1503年和1524年又两次前去印度。
2 里加城是波罗的海里加湾南湾大港。

是由小船、小公鸡和骑在马上的骑士组成的。虽然有很多好玩的玩具，但是，孩子们还是更喜欢看那个画在墙上的黑人。黑人带来了来自海外的货物，被那些商人买去。那些货物从船上卸在港湾里面。

这里有一个贸易所，这座房屋从正面看上去真像一座富丽堂皇的宫殿，而从后面看上去更像一个货栈，一个普通的房屋而已。每天都有滑车把装满了各种东西的大桶一个接一个地升上去，在二楼敞开的大窗户口被有力的手抓了进去。这些来自海外的东西就这样隐藏并保存在黑暗深处了。

那些将去北方的印度货物在这个货栈里面只是暂时歇息而已，就像在异乡的旅人要去旅馆居住一样。住在它们旁边的客人是来自诺夫哥罗德的毛皮，它们将要去南方。道路是漫长的，也是四通八达的。它连接着印度和意大利，又从意大利伸向汉萨同盟的城市，从汉萨同盟的城市伸向诺夫哥罗德。那些来自不同城市和不同国家的货物从这里汇聚之后又匆匆散开。

货栈里面装着众多货物的地方是个石头做的厅堂，那里面摆放着珍贵的毛皮，贵重的呢绒和来自远方的有着奇怪味道的胡椒。货栈的房子就像是一座城堡一样，房子不仅有着很厚的墙壁，还在周围围上了有吊桥的战壕。这里是必须注意预防盗贼小偷的。货物贮藏在拱形的地窖里面，楼上是房子主人的居所，那里装饰得非常豪华阔绰。

顾客每次走到铺子里去的时候都要经过很高的台阶。这里的门很矮，为了不让门撞到自己的脑袋，他只能弯着腰走进去。每一间屋子的地板都是不一样高的，在不同的房屋之间要非常小心地行走才能让自己的脚踏实着地。楼梯和走廊在厚墙里面，墙内非常阴暗，只有小窗透进来的些许光线，整个房子里面都充斥着皮革和调味品的气味。

这些货品就这样从一座城市转移到另一座城市，从运货的大车大船上来到了货栈里面，又从货栈里进入商人的背囊里。这些货物究竟是来自哪里呢？是来自那些手工匠的作坊和农夫的村舍。这条货物组成的河流一年比一年要多，它在不断地变大。乡村里提供的粮食、亚麻、羊毛和皮革越来越多，来自城市里的织造物、皮靴、刀和斧子也越来越多。

其实，人类的生活在一年中所取得的变化是十分微小的，几乎不能够让人有所察觉。但是日积月累，这种变化就可以让人们明显地觉察出来。我们把时间向前推进千百年，用中世纪的城市和古代的雅典、罗马进行比较，我们会惊叹于这个世界的变化。人的技术已经进步了这么多。

那些许久之前的工匠曾经认为自己的工具是多么先进，在他们的年代里那些手摇式车床、熔矿炉和水磨就算是非常先进的机器了。许多年过去了，先进的东西已经随处可见，那些旧日的工匠们认为的先进设备或许已经淘汰不用了。15世纪的这些工匠们已经能够用上击水轮、纺车和鼓风熔矿炉了。

其实人类一直在利用自然，只不过现在利用的效率更高了。古代的工匠们把轮子放在河里，利用水流的推力旋转它。到了今天，工匠们却把水引向了自己的作坊，让它们在水管和水槽之中流动。人们用堤坝把河流分隔开来了，堤坝让河里的水位升高了，高处的水沿着水管向下流，从上面落在轮子上，轮子自己开始转动起来，并且还带动了轴的转动，轴通过墙进入作坊里，去做那些人类让它做的工作。比如摇

▲ 水磨

动滤纸的框子，给熔炉鼓风，举起巨大而沉重的锻锤，就是利用水的能量。人们建造了造纸磨坊和呢绒磨坊[1]，但是这种磨坊其实是并不研磨，就算是到了今天，在英国，人们仍把各种工厂称作磨坊。

1　某些工厂比如说造纸工厂最初像磨坊一样用水轮机作为动力。

▲ 熔铁炉

人们用上击水轮解决铁矿石炼铁的问题。在古代的时候，人们用来炼铁的熔铁炉是低矮的。他们把矿石和煤一同装进炉子里头，然后用手拉式风箱向炉子里面吹空气。这种低矮的熔铁炉是不可能有很高的温度的。铁矿石在其中并没有熔化，只是不同的铁矿石熔结在了一起。结果，最后人们将会得到像海绵一样的带孔的铁，那是铁和矿渣的混合物。然后铁匠就开始打铁，用巨大沉重的锤子，他们要把铁和矿渣分开。这样一下下地打，需要很长的时间和很多的人力，而且矿渣和铁分离得并不完全，这种熔铁炉并不能够得到很多的铁。人们总是想让炉子里产出更多的铁的时候，却始终没有成功，因为并没有那么多的空气供它们使用。这种境况直到人们发明了新的上击水轮才改变。

上击水轮可以用来拉动巨大的炼铁风箱。这样的话，炉子里面的空气就足够了。炉子随着水力的运转越来越热，里面的铁都熔化成了汁液，慢慢地渗到了在下面燃烧的碳里面。这样就形成了铸铁。人们常常说水火不相容，但是这一次却是水和火一同在工作。它们一起在干活，水在煽火。当工匠开炉的时候看到的是红色的热铁流，而不是像之前那样的粘合在一起的红铁块。他们都呆住了，他们以为这些铁矿石都被浪费了。真是很奇怪的事情，铁怎么会变成液体呢？铁是那么坚硬，它会被造成长矛、盾牌，会被造成刀叉，匕首，它怎么可能变成液体呢？这真是一件稀奇的事情啊！其实这些铸铁就是可以浇筑模型的珍宝，但是工匠们并没有发现。铸铁汁可以被浇铸成铁匠打造不出来的各种各样的用品。就这样，熔铁炉在水轮的帮助之下变成了鼓风高炉。

这就是最早的高炉。在 16~17 世纪的制铁工厂中，我们可以看到后来生产中的炼铁高炉。在工厂中我们可以看到一条特殊的河，那是一条流在木槽之中的河，在它的两边有许多支流通向水轮，水轮的另一头连着巨大的炼铁风箱和铁锤。

那些最早的工厂里嘈声是非常大的，和小作坊里面的那种声音完全不同。在高炉被人们发明之后，高炉中的出铁量就立刻增多了。制造爬犁、大炮、船锚、斧子，甚至制造车轮辐条和轮缘都需要铁。水轮和水轮之间相互靠近，一个带动一个。在上击水轮出现之后，高炉在不久之后也被发明了出来。出现了高炉之后，这些磨坊里面生产的铁的数量也变多了，人们就开始生产那些有铁质的轮缘和辐条的车轮。人们又为了延长车轮的使用寿命修建了新的道路。

在制铁的工厂里，那里的巨锤很重，10 个大力士也不能够举起来，但是上击水轮却可以轻易地举起和放下这些沉重的工具。并不是人类的体魄在做这些事情，而是人类的头脑和智慧在帮助工匠们。未来的工厂和制造厂，未来的机器正在前方等待着这不断发展的事业。现在发动机、传动机构和加工机床都已经在水力磨坊中具备了，这就是机器所需要的一切。

在过去的 1000 年里，齿轮和水轮密不可分。但是到后来，水轮终于找到了它自己特有的用处，水轮已经不仅仅可以用来磨面粉了，在铁匠铺，在造纸工厂，在破碎矿石厂和抽水的矿坑，甚至是在呢绒制造厂里都可以看到水轮的身影。发动机也不只在碾石的身边了，哪里需要它，它就会到哪里去。

18 世纪，有人发明了一种利用水蒸气而不是水推动的发动机，这个了不起的人是俄罗斯的机械技师——兹马·伏罗洛夫。兹马·伏罗洛夫（公元 1726~1800 年）是俄罗斯的水工技师和发明家。在他的工厂里面，巨大的水轮开动着唧筒和吊起矿石的机器，运载矿石的小车也在水轮的驱动之下运动着。而另一个叫做包尔祖诺夫（公元 1728~1766 年）的俄罗斯发明家。据苏联科

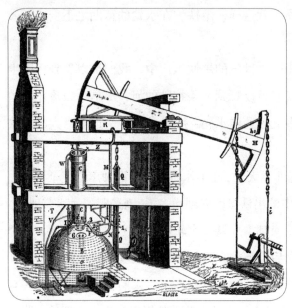

▲ 早期简易的蒸汽机

学史家考证，他在 1763 年完成了通用蒸汽机的设计，1766 年制成了一部工厂用的蒸汽机，但是他的发明并没有得到推广应用。

再过一个时期，发动机就会被安装在车轮之上，而车子也从人力畜力驱动变为蒸汽驱动，车子会被叫做蒸汽机车。安装了发动机的机器将会进入大海航行，承载着人类飞向天空，在广袤的土地上犁地。

人类的劳动促使了科技的发展，而经过发展的科技则会帮助人类更加轻松地进行劳动。

那些曾经被亚里士多德幻想过的神奇的机器将会被发明出来，在数学和物理学与机械学亲密无间的合作之下被创造出来，那是一种全新的自动机器。或许只有旧日里的词语才能够让工程师们回忆起那个时代，那是只有人力和畜力可以用的时代，在那个时代里没有什么先进的机器，只有人类自己的双手和被人类饲养的牲畜。现在人们或许还用马力这个词语，但是人们已经很少想起马了。马力和力量更多地让人们想起神奇的上击水轮，想起蒸汽机车。马力已经不能够让人们直接想起那四蹄的动物了，而是想到转动涡轮机的水流的力量。我们已经走出了如此之远。

想想 15 世纪，那时没有技术学校，最了不起的工程师也只是从父亲或者师傅那里获得使用车床的技术，或许这种车床已经被人使用了几千年。父亲把自己的方法展示给儿子看，他一边握住车刀，然后前后移动弓，弓弦绕住了轴或要车削的东西，弓每动一次就会带动轴或要削的东西旋转，这一切都令儿子感觉到很神奇。儿子仔细地观察着父亲的每一个动作，因为父亲过一会儿就会让他重复这个动作了。当他自己也变成技师并且有了自己的孩子的时候，他也要这样把自己的手艺传给后代。但是在今天，孩子们已经放弃了在父辈那里学习东西，因为他们有太多的问题需要去解决了。那些旧式的车床很难做出螺旋桨叶和轮毂，但是这些零件的需求量越来越大了。做这样的东西需要的车床很大，而且车刀也很重，车工的一只手并不能有效地握住车刀，干这种工作需要双手的力量。只是增强手的力量是不能够达到的，人们还可以用自己的思想来帮忙。

年轻的车工用脚踩着一块板子，板子上系着一根绳子。绳子绕过轴去，把轴转动起来。绳子的另一端被系在了天花板上有弹力的一根杆子上。用脚去踩木板。当脚把木板踩到底之后，杆子就像弹簧一样把绳子拉回去了。车工的两只手又都可以用了，他现在用两只手握着车刀干活。这种新式的车床被人叫做脚踏式车床，

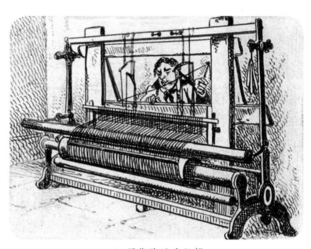

▲ 早期脚踏式织机

与它差不多时候出现的还有一种脚踏式织机。纺锤被脚踏式纺车代替了。新的工具产生了，人们也只能够按照新的方式去干活。

现在，工作的分工更加明细化，一个人身兼多职的事情已经很少了。现在的工人只要管好自己负责的机床就可以。当人们只做一件事的时候，就会干得更快。在纺织工厂里面，一个人洗毛，一个人梳毛，一个人纺条，还有不同的人来织布，最后还要人来进行染色的工作，这样下来，这个工作就变

得越来越快了。

工作做得越快，生产出来的产品也就越多。越来越多的产品从工厂里转移到货栈中去，又从货栈之中被运到世界各处。在路上可以看到越来越多的车辆，在海上也可以看到越来越多的航船。商人们和工厂的技师们也拥有了越来越多的财富。

在佛罗伦萨的呢绒工厂里，那些拥有技术的技师已经不需要自己去工作了，他们可以雇佣那些衣衫褴褛的穷人替他们干活，而他们只需要在一旁指导就可以了。大多数的利润还是被富有经验的技师得到了，而那些终日工作着的人只能获得勉强度日的可怜薪水。或许有的时候他们的薪水连果腹都不够，他们很多时候都是饿着的。他们试图反抗，公元1378年，佛罗伦萨的梳毛工人曾经举行过起义，被称为"梳毛工起义"，也被称为"褴褛汉起义"，结果失败了。工人们遭到了迫害，大工商业者重新掌握了政权。这是历史上一次早期的工人武装斗争。

城里富有的商人们和技师们牢牢地掌握着政权，封建地主们已经不能够在佛罗伦萨掌握权力了。大商人和银行家们过着这个社会上最奢靡的生活，他们比王公更能代表这个城市的上流社会。那些富有的商人把自己的家装饰得像一座宫殿，那些商人家里的东西并不是很多，比如说墙边有几把安乐椅，有精巧雕花的桌子，有香木制成的柜子。这些东西虽然不多，但是每一件都是精品，价值连城。显得十分空洞的天花板和墙上有着许许多多的人脸和人的身体，有着那些长着翅膀的野兽和长着鱼尾巴的人类，还有丘比特[1]和美惠三女神[2]的雕像。你还可以发现吹着笛子的阜恩神[3]和跳着舞的宁芙神[4]。看到那些罗马诸神的雕像被安放在墙壁之上，仿佛走进古希腊多神教盛行的教堂。

1　丘比特，罗马神话中的爱神。
2　美惠三女神，希腊神话中代表妩媚、优雅和美丽的三位女神的总称，相传是主神宙斯的女儿。
3　阜恩神，罗马神话中半人半羊的农牧神。
4　宁芙神，希腊神话之中住在山林水泽的女神。

穿越到了过去

那些珍贵的雕像被蛮族人从台座上扔了下来，就那样随意地扔了下来，然后这些制作精美的曾经被许多人瞻仰的雕像就这样在土里被掩埋了1000多年。在不知多久以后，田间辛勤耕作的农夫把土地的表层翻起来，意外地发现了这些被尘封已久的雕塑。掘地人的铁锹有时候会碰撞在雕塑的精美花纹上，他们并不像以前的人们那样崇拜这些古老的神明雕塑。农夫看到这些雕塑就像看到了什么可怖的东西，他跟跄着退后，请求基督的保佑。这是从地狱之中来的，掘地人低声地咒骂着，那些讨厌的石头只会弄坏自己的工具。那些被遗忘被掩藏的过去往往会自己从那不见天日的、黑暗地底下走出来，走到人们的面前，但后世的人们并不想接受它们。

今天，那些古代的美又重新被找了回来，人们小心地清除掉那些雕像上沉积的泥土。在意大利银行家的宴会上，人们不仅仅品尝美酒，人们还欣赏那古老的美，那些古老的智慧。人们在宴会上朗读柏拉图的《飨宴》，刚刚从托斯坎尼[1]的葡萄园之中找到的大理石雕成的罗马雄辩家的头像就放在金子铸成的杯子旁边。罗马人头像上的笑容就好像是在嘲笑这些人现在才发现了自己的好处。

如果这些雕塑也可以看到或听到，它们会看到、听到什么呢？在别墅敞开的窗户之中可以看到院子里的柏树和果树在开着花，贺拉斯，奥维德[2]和维吉尔的名字也常常出现在人们的谈话之中。现在的人们真是奇怪，他们不仅仅使用基督的名字发下誓言，还同时使用奥林匹斯诸神的名字发誓。

如果雕像能够听到人们在阅读柏拉图的《飨宴》，他也会为他们的博学

1　托斯坎尼位于意大利的中西部，在11~19世纪曾经建立公国。

2　奥维德，古罗马诗人。

而感到惊愕吧。难道旧日的时光又回来了吗？那些被人们忘记的理念和哲学又重新被人们所接受了吗？不是的，那些已经被人摒弃了的过去永远都不会再回来了。

意大利银行家的别墅装饰得过分华丽，在每一道间壁、每一个门把手上都有着太多的刻意装饰，失去了那种希腊人崇尚的自然。那些希腊语和拉丁语常常被餐桌上粗鲁野蛮的笑话所打断。

在精美的食物之后，主人会送上一道奇异的菜，然后热心地介绍给客人们吃。客人们一边仔细地品尝，一边称赞厨子的手艺和主人的好口福。却被主人告知这是"红烧老鸦肉"。客人们心里恶心得想吐出来，脸上尴尬不已，哭也不是笑也不是。而此时主人大概正想看他们这种坐立不安、惊慌失措的失态表现吧。

而在那些罗马元老院议员和总督们的宴会上并不会出现这种粗鲁的玩笑。他们绝对不会逼着人一口气吃完 30 只小鸡和 40 个鸡蛋。他们很有兴致地谈论着其他的一些恶作剧，那些恶作剧在古罗马人看来也不会认为是聪明的。白天的时候，人们在别墅里一起把一个客人灌得烂醉如泥，然后把这个可怜的被戏弄的人扔到墓地里。这些恶作剧的人对他的亲属说他已经死去了，当他在墓地中醒来回到家里的时候，会吓到自己的家人。这些人无疑是一群粗鲁的人，即使他们也讨论亚里士多德和柏拉图。

另外一座别墅的主人，看上去是个很喜欢古代文化的人，他又是什么样的呢？他不是拥有广袤领地的贵族，也不是望族，他是一个拥有很多黄金的商人。但是国王和他们谈话时候也会摘下自己的帽子，而这些银行家，他们一直都不戴帽子。他们在此前并没有什么值得人们尊敬的特殊的称呼，比如说"国王陛下"。于是人们为他们想出了新的恭敬的称呼"贵人阁下"。

那个美第奇"贵人"，他看起来是那么谦逊。他在清晨的时候去自己的园子里干活，他和那些园丁很谈得来。当他在大街上看到了某个看上去面熟的工厂领班师傅时，他总是主动地跟人说话，还拍拍人家的肩膀。关于政府的事情他从来都不去干涉，但是他的钱却已经为他把一切都干完了。那些贵族的徽章看上去十分优雅古老，虽然银行家并没有那些徽章，但是人们依然像尊重贵族一样尊重他们。

那些成了他们敌人的人不会被他们处死，也不会被他们送进监狱，但是他们有自己独特的惩罚敌人的办法。他们会优雅地、不知不觉地利用高利贷逼得他们破产，当那些破产的可怜人濒临绝境再次向他们寻求帮助的时候，他拒绝了再给他们借款。在这个城市里面不会找到比他更有钱的人了，所有市民的钱包仿佛都握在他的手心里。

但是他在其他的方面毫不吝啬地花钱，那是在他购买雕像、画和书的时候。有许许多多的人被他雇佣去抄写古代手抄本，他一点都不在意这要花费多少的佣金。他搜集了那么多的古代的雕像，就算是那些贵族家里的雕像都加起来也没有他搜集的多。那些骄傲的学者们常常去求他，在给他的信里，可以看到骄傲自大和低声下气心情的斗争。那些画家常常向他请求要一些弗罗林[1]去购买作画所需的颜料。

他从来都不会拒绝谁，几乎做到了有求必应，那些被借出去的金币都会被他记录下来，一个子也不少地记下来。他是商人，他要遵守商人的规则，不会像骑士那样慷慨得不求回报。那些被借出去的金币就像是雨水一样浇灌了科学和艺术的幼苗，而之后的收获也证明了这种花费是完全正当的。他因此获得了巨大的收益，他拥有着这个国家里比国王的宫殿还要豪华的房子。

那些曾经在这片土地上拥有无尽特权的贵族已经渐渐地地失去了自己的特权，现在已经是一个资本代替了土地的时代。在这场王权和金币的斗争之中，就如同在米利都和雅典发生过的那样，金币战胜了王权。和虚无飘渺的家世相比，金钱对人们的影响更大一些。

这里仅仅是名义上由人民统治的地方。那些最富有的银行家和商人们拥有自己的圈子，那些衣衫褴褛的穷人们如何对付得了统治这片土地的贵族？真正掌握政权的是富人们。

---

1 弗罗林，佛罗伦萨的金币名，13世纪正式铸造，此后，很多的国家都仿造过。

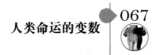

矛盾 **的** 彼科·德拉·米兰多拉

那是一个可以立刻就吸引了你目光的人，你可以在佛罗伦萨的银行家罗梭佐·美第奇家的宴会上看到他。罗梭佐·美第奇（公元 1449~1492 年）是美第奇家族的主要代表人物，在 1469~1492 年当政，他不仅有着年轻的体魄，他还有英俊的容貌。他个人非常喜欢宴会和狂欢节[1]。在狂欢节的时候，佛罗伦萨的夜间会有横笛列队走过，映着火光，可以看到列队中的人穿着金银线织锦缎做成的坎肩，他们的马盖着天鹅绒的鞍褥，他们的长矛有金色的矛头。每当这个时候都可以看到乔凡尼·彼科·德拉·米兰多拉（公元 1463~1494 年）走在队伍的最前列。

他并不是人们印象中轻浮的花花公子或者放荡的人。他总是快乐地探究着一些高深的学问。他在研习那些希腊和犹太教哲学家的著作，这些书籍帮助他在学术的辩论会上取得胜利。对手们说他这样年轻，却有这么高深的知识，一定是和魔鬼订立了契约。那不过是他们羡慕却又无可奈何的诋毁而已。

1463 年，在米兰多拉诞生的那个夜晚，城市的上空出现了一道明亮的光，那是神明在告诉人们这个刚刚诞生的孩子会有伟大的未来。这只不过是尊敬他的人的传说，那道光只是闪现一下就消失了，人们说这预示着他的生命也会像闪光一样短促而光明。

彼科·德拉·米兰多拉就是一个充满了矛盾的人。他可以彻夜看那些多神教哲学家们的著作直到天明，有时候他又会跪在圣母像的面前一直祷告整夜。后来他慢慢改变了，他的生活发生了颠覆，他就像那些修士一样刻苦和禁欲，这时候已经是他生命的最后的时光了。他还不到 30 岁，但是他真的快

---

1 狂欢节也被称为谢肉节，是欧洲民间的一个节日。

要死去了。他不断地和自己斗争。在他的心里有两个不同的思想，一个是虔诚的僧侣，而另一个是充满好奇和热爱异端的学者。这样两个互不相容的思想挤在同一个人的心里，对他来说是非常痛苦的。他想要和祖先们一样虔诚地对教会信仰，可是另外一个却告诉自己要思考，不要什么都相信，这两个思想就在他的脑海里不断地斗争着。

他常常在想，人到底是什么？人类是按照天意不断前进的行者？还是由黄土塑成最终又化成了黄土的可怜木偶？人类可以对自己的生活主宰和创造吗？乔凡尼看到了那些人用石头、颜色和画布创造的伟大的艺术作品。当时他是多么高兴啊！他认为人类自己的力量可以改变这个世界，这是多么值得自豪的事情。但是这一切的美好却不能够长久地保留下去，有许许多多的人还处于巨大的不幸之中，那些人用悲伤的眼睛看着他，眼底溢出的悲哀让人绝望。而自己却幸福和骄傲，自己又怎么能在别人痛苦的时候骄傲幸福呢？

在此时，大街上有许多伤口溃烂的丑陋的手向他伸过来，那些低声下气的诉苦和恳求止住了他的脚步。虽然佛罗伦萨是这么豪华，但是这里的底层还充满着贫穷和饥饿。米兰多拉匆匆地将自己钱包里的所有金币全部都倒在了那颤抖着的干枯的手掌里，但是这一把钱币只能救一个人，这些生活在这里的全部的贫苦人他能够救得过来吗？他把和朋友的约定都忘了，抛弃了一切匆匆地回家了。他走到了自己小礼拜堂里，在十字架下冰冷的石地板前跪下。刚才他还是那些乞丐羡慕讨赏的对象，而现在，他却变成了一个乞丐，他想要伸出手去要求施舍了。他内心的痛苦并不能够被祈祷和眼泪减少半分。他低声地祷告着、恳求着，但是他的理智和尊严在不断地提醒着他这样是没有用的。所以他马上结束了还没有进行完毕的祷告。站起身来走到他的书房里面，那里有着古代先贤们的思想，那些凝聚了许许多多人类智慧的财富宝库，他予取予求。

他仔细地读着那些书，在他的内心之中，对于理性和人类未来的信心又

回来了，他又坚强起来了。他坐到书桌之前，开始写人类的尊严。神明在创造这个世界的时候，在最后一天才创造了人。那时候世界上的一切都已经被创造出来了，而人类出现之后就开始认识这个世界的规律。他们为宇宙的美而感叹，为宇宙的宏伟而感叹。人类并没有禁锢人类的自由，没有什么事情是他们必须做的，也没有什么剧本是他们要照着演下去的。人类可以随意地运动，随意地思考，这是神明赋予他们的权利。

造物主曾经这样对亚当说："我把你放在这个世界之中，你才能够比较容易地看到你的周围，看到这个世界上所有的一切。你不是即将死亡的人，但是你也并不能够永远都活着。你虽然并不属于地球，但是你也不属于天堂。我把你创造成这样的一个人，就是为了让你能够跟随自己的意志，去为你自己争取属于自己的荣光，去成为自己本身的创造者和雕塑者。或许你会和动物在一起，但是你也可能会升到和神一样的高度。野兽未来会成为什么样子，在它们母亲的肚子里面的时候就已经被决定了。而那些神明的高等灵魂从一开始的样子就是他们永远的样子。只有人类的命运有着无数的变数和不确定性，他们可以自己改变自己的命运。"

米兰多拉放下了羽毛笔，再一次阅读他自己写好的东西。他想要邀请世界上所有的学者参加辩论，他想要向那些在黑暗中的骑士挑战。上述是他准备做学术辩论的长篇演说词的最后的几句话。那些人用神的名义发誓，他们说这个彼科·德拉·米兰多拉什么也不是，整个人类在上帝面前都是什么也不是。神明已经为那个叛逆的人指定了成为奴隶的命运，或许让造物主自己亲自出来才是最好的辩护吧！

那些思想封闭的人能够找到有力的论据来抵挡彼科·德拉·米兰多拉的论据吗？他们不能。事实上，那时候的他们什么也没有答复。他们不敢和他正大光明地辩论，不敢和他打一个照面。他们使用各种方法让教皇禁止了辩论，那些方法都是一些阴谋。

彼科·德拉·米兰多拉是不会惧怕任何人的，但他最惧怕的其实在他的心中，在他的心里不断地诉说着自己的悲苦。不论是在白天还是在黑夜，他的心里都有两个思想在不停地作着斗争。到底是认真地思考是对的，还是应该虔诚地信仰？结果旧的信仰得胜了，因为旧的信仰在这个世界上有着太多的信徒了，它充斥着米兰多拉周围的整个环境。

他的目光在教堂的墙上徘徊，他看到了那些罪孽深重的人群，也看到了那些做出可怕判决的裁决官。狂热的布道者在跪着的人群前面宣传他们的教义，那些热烈的词句就好像用火点燃篝火一样点燃了他们那颗沉寂的心。没有什么可以反抗这些，就算再大的勇气也不能够让人下定决心来走自己的路。最让他感觉到痛苦的是，在他自己的心里，新的和旧的原本就没有完全分开。

他常常感觉到自己已经失去了力量，想要和自己内心中的旧的思想作斗争越来越难了。就像他出生时候的那束光，他的人生短暂而又光明，在他32岁的时候死去了。就在他临死前不久的几天里面，他放弃了自己曾经坚持过的主张。

那些多米尼克教团[1]的僧侣们终于取得了胜利。那个迷失了的灵魂被他们通过努力劝回到了天主教会的怀抱之中。这件事真的非常具有讽刺的意味，彼科·德拉·米兰多拉在他活着的时候一直是一个异端，不断地和天主教会的人作对，但是在他死后，却是作为一个多米尼克教团的僧侣死去的。这真是一件残酷的事情，一个一直被当做猎物的人在临死之前成为了搜寻异端的猎犬。

1　多米尼克教团也被称为多明我会或者布道兄弟会，是13世纪多明哥创立的。这个教派成立不久之后就收到了罗马教皇的委派，主持宗教裁判所，到处迫害"异端"，竭力维护天主教封建势力的反动统治

寻找真正的 巨 人

时间已经过去许久了，从古代希腊距离现在已经过了 20 个世纪。在如今，新的事物和旧的事物之间的斗争并不是已经结束了，而是更加激烈，更加白热化了。

氏族制度已经崩毁了，而现在，封建制度也一样在一点点地崩毁。人们需要另外的思考方式，之前一直被沿用的那种方法已经不再适合他们了。整个世界都在改变，已经变成了另外的样子，那些旧的道德已经不能够适应如今社会的事物了。但是那些旧的道德也不愿意就这样直接从历史的舞台上退下去。或许有的人认为如今的历史正在重复它之前的景象。

但是历史从来都不会是相同的。就好像一个人在爬山，山路并不是直上直下的，而是有的时候向后转，有的时候又不知道从哪里转到了前方。那些爬山的人会觉得自己已经看到了面前这座覆盖满了皑皑白雪的山峰，那座架设在溪流上的小桥就在下面。雪峰好像变得更低了一些，爬上来的旅者可以清清楚楚地观察到那些云杉树。在雪地上呈现出了一片黑色的是锯齿状的城堡。但是不知道为什么，下面的小桥看着好像比刚才的时候遥远了一些，而且变得小了。虽然周围一片寂静，却仿佛依稀能够听到水流的潺潺声。山路再次转了回来，却已经在更高的地方而不是原来那里了。巨人的路程和爬山也是类似的。

在很久之前，希腊诸神被当时的哲学家们所否定了，他们想用新的学说来解释这个世界。而在今天，理性的光芒又重新复苏。科学家和哲学家画的宇宙图不是他们在学校里曾经学过的，而是重新画的。并不是按照之前的图画重新描了一遍，而是换上了新的内容。就像路会越来越靠近山峰，人和真理之间的距离也越来越小了。

那些保卫新事物的人被死亡威胁着，但这些人也会同阿那克萨格拉一样抗争到底。阿那克萨格拉（公元前500~前428年），是古希腊唯物主义哲学家。新旧的斗争不仅仅在学术辩论会和宗教裁判所里面进行，它们还在每一个想要做出抉择的人内心里正在进行着。外界的斗争都不是什么很厉害的，自己内心的斗争才是真正对人的煎熬，人类往往不能够负担自己和自己本身作斗争的重担。

那个差一点点就要成功的彼科·德拉·米兰多拉就是在这种斗争里精疲力尽的。和他同一个时期，同样在佛罗伦萨城里有着那样一个人，一个可以不必把力量耗费在同自己争辩之上的人，因为在他的心里一切都是确定的，根本没有什么是需要争执的。就在新的时代和旧的时代交汇的地方，米兰多拉停住了，他自己也在犹疑不决。而那个坚定地迈过了旧时代，进入新时代的人是列奥纳多·达·芬奇。

每当我们回想起达·芬奇这个名字的时候，我们总会想起他是一个思想家和艺术家，他小时候开始练习绘画时，用坚定的毅力画了一个又一个鸡蛋。曾经有一个叫菲迪亚斯[1]的雅典人，他和列奥纳多·达·芬奇一样，既是画家，又是雕刻家、建筑家和音乐家。还有来米利都的泰勒斯[2]。泰勒斯和达·芬奇一样是科学家、工程师、哲学家和发明家。

▲ 达·芬奇

达·芬奇真是一个神奇的人，他正好站在两个时代之间。在这个时代之

---

1 菲迪亚斯是古希腊的雕刻家，他主要的活动时期是在公元前448~前432年。
2 泰勒斯是古希腊唯物主义哲学家、科学家，米利都学派的创始人。

人类命运的变数　　073

中，人们可以感觉到这世界的宽广，人们的心也像这世界一样可以包容万物。泰勒斯曾经研究过星象，他也建造过桥梁，他还准确地预测过风暴。泰勒斯发明了水钟。他还预告了宇宙现象——日食。泰勒斯的眼睛之中就好像包含着全宇宙，不管是从黑暗的洞穴到透光的高空他都能够看得到，他还能够感受未来和原始。而现在，这位生活在佛罗伦萨的天才要比他看到的世界更加宽广。在达·芬奇的身上我们可以发现学者的智慧，还可以发现艺术家的技艺，更令人欣喜的是他的身上还有着工程师和发明家的勇敢。佛罗伦萨的工厂技师传授给了他创造《乔孔达》和《最后的晚餐》的技艺。而在他的学生时代，他曾经花费了大量的时间在作坊里锻炼雕刻和熔铸的技艺。

▲ 达·芬奇名画"蒙娜丽莎"

在达·芬奇的那些遗留的手稿之上，你可以发现画家的素描竟然和工程师图样并列在一起，这是一件多么令人惊奇的事情啊！蒙娜丽莎的微笑是在这个世界上至今没有被破解的一幅名画，画中的女人有着一张沉思的脸，嘴角挂着没有人能够理解的微笑。就是画出这幅画的同一双手在纸上画下了车床的草图。他只用了几条线就描出了轴、曲柄和飞轮。然而在那个时代里面，整个世界的车工工厂里面都没有这种不断旋转着的车床。

无论我们的话题涉及哪一方面都会想起列奥纳多·达·芬奇的名字。谈论车床的时候会想起他；谈论暗箱的时候也会想起他；谈论眼睛构造的时候会想起他；谈论永动机的时候也会想起他；谈论围攻堡垒的时候会想起他；

谈论灯罩的时候也会想起他；谈论人类手中的烛火燃烧的时候会想起他；谈论天体秘密的时候也会想起他。

　　每一个人都可以找到和他相似的地方。在艺术家眼中，他是一个不折不扣的艺术家；在工程师眼中，他也是一个和自己一样心思缜密的工程师；那些音乐家因为达·芬奇本人是一个音乐家而感觉到自豪；那些风雅的诗人又在纪念他是一个诗人。

　　几千年来一直在山岭间盘旋的道路在今天终于登上了新的山峰。就站在自己的高度而言，泰勒斯也可以说已经看得很远。然而现在，达·芬奇却可以看得更远。在泰勒斯的思想里，我们生活着的这个世界是整个大的海洋世界之中的一座圆形的岛屿。那些奇怪的印度人和矮人居住在这个世界荒芜的边缘。在之前的时候，住在欧洲的人并不能够看到多远的地方，就连只是隔着并不宽广的英吉利海峡的不列颠都不能够看到，更不用说美洲了。在欧洲只能够看到阿尔卑斯山，而里海在地平线之上也只能够露出一点点。里海很像是海洋之中的一个港湾，因为在那时，海的另一边还没有被人类发现。在列奥纳多·达·芬奇所在的那个时代里，他本人比另外一些人看得更远。他可以清楚地知道哪里是中国，而哪里又是印度。达·芬奇的目光甚至可以渡过宽广的大洋，看到哥伦布停留在彼岸的轻快的帆船。哥伦布（公元 1451 年~1506 年）是意大利航海家，在 1492 年的时候横渡大西洋，并且在这次横渡大西洋之后先后进行了三次航行，到达了中美洲、南美洲沿岸和一些岛屿。雾霭里面依稀透出了美洲的轮廓，在美洲的后面，还有另外一片古代人所不知道的宽广的大洋。

　　现在，他已经知道了地球并不是一个扁平的大陆，不是一个圆盘，也不是所谓天圆地方，地球就是一个球，一个圆球。其他的人还认为地球就是整个宇宙的中心，其余的天体都是围绕着地球转动的。但是在达·芬奇心目中，他已经清楚地看到了地球不过是宇宙之中许许多多的星球之中的一个。当泰勒斯从早上朦胧的云雾之中猜测万物的轮廓的时候，他的眼睛并不能很好地帮到他，他只好求助于自己的想象力。想象力可能是对的，但是更多的时候，它们是错的。达·芬奇是幸运的，他已经不必继续猜想了，而且他也并不相信猜想。"试验才是真正正确的，只有你的眼睛看到了那件事情，你才能去相信它，推广它。"

试验并不会犯什么错误，但是推论却不是这个样子。我们的推论经常会把我们的试验引向不可知的方向。"如果你的五种感觉之中只有一种对学问进行了检测，那么你也不要忙着下结论，因为这并不值得相信，或许看似正确的结果之中充满了错误。"古代的先贤们喜欢倾听自然的声音，但是他们却很少去向自然询问，他们并不喜欢用实验来验证自己的思想到底正不正确。就在古希腊的时候，亚里士多德曾经认为把刚出生幼鸟的两只眼睛挖去，这只鸟还会自己长出新的眼珠。他只是有这样的一个结论，只是想出了这样的一个结论，但是他并没有用实验来验证一下自己的想法对不对。在那些古希腊的哲学家之中，亚里士多德已经是一个非常热爱观察的人了，其他的古希腊哲学家甚至连世界都看不到就开始思考关于世界的事情了。他们思考的到底是什么世界呢？难道他们是上帝吗。所谓闭门造车就是这个样子的吧。

达·芬奇并不是闭门造车的人。他是一个很有兴趣的人，因为他是一个艺术家，善于观察的艺术家，他会仔细地观察着他周围的一切。他用眼睛去检验头脑中的理性思考，又用手的触觉去检验眼睛看到的真实性。在探讨火焰的时候，他并不是简单地进行探讨，他还自己去进行研究。他把灯罩放到了灯的火焰上，然后写道："火焰存在哪里，那里就会形成气流围在它的周围，那些气流是用来保护火焰的。"他仔细地研究了一些古代的科学家的著作，那些科学家已经明白了实验是多么的重要，实验有很大的意义。在达·芬奇的桌子上，我们可以看到希罗[1]的著作，就是那个发明开庙宇门的自动机和由蒸汽推动轮子的亚历山大里亚机械学家希罗的著作。希罗的研究成果消失

---

1 希罗生活在1世纪左右，是古希腊时期亚历山大里亚的发明家、数学家和机械学家。

在时光的河流之中，但是几个世纪之后又被重新挖掘了出来。在今天，掌握着聪明的女神又开始唤醒那些属于她的臣民，那些聪明的东西就好像是活的一样。人造鸟向屋子的天花板飞去，在它的中间有着温暖的空气。他看起来多么像是一个玩具，但是它的原理和热气球的原理相差无几。

在达·芬奇的图纸中，我们还可以发现另外一种会飞的机器，那是一个有着空气螺旋桨的机器。达·芬奇仔细地计算着它，如果转动螺旋桨，这个机器就会离地而起，冲上天空。他喜欢研究鸽子的飞翔，他可以立在窗口连续不断地看上几个小时。就好像现在这个样子，鸽子的身体比例显得十分奇怪，它们的腿是那样细小，以

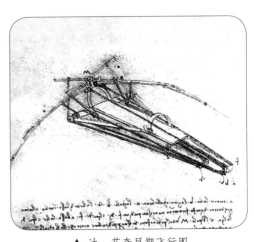

▲ 达·芬奇早期飞行图

至于走起路来都摇摇摆摆。鸽子走到了飞檐的边上扑了几下翅膀就飞上了天空。鸽子飞行的本事比它走路的本领还要强。它在天空中就好像用桨，把空气向后划动，在屋顶上方优美地飞翔。气流托住了它，它在空中翱翔着。它的翅膀大大地张开，并没有扇动，它大概是在休息吧。鸽子在广场的上方空兜了两圈就毫不费力地滑了下来。那是它自身的重量使它下降的，就好像是小孩子玩滑梯一样。马上要到达地面的时候，它会使劲地扇几下翅膀，因为那样可以降低它们落下来的速度。最后扑几下翅膀是为了减轻一下下坠的震动，这样就可以平稳安全地落地了。

鸟类虽然没有什么智慧，但是它们却知道飞行的方法。人类虽然是万物之灵，却一直被局限在大地之上。

达·芬奇从窗口往下看了看，很高。如果跳下去，落在石头的地面上，一定会把自己摔伤。如果可以在空中停留一下呢？或者可不可以让自己以更

慢的速度落下去？他不仅自己思考，还在不停地制作模型，在他的笔记本里竟然可以发现制作降落伞的思路："关于人类可以随便从很高的地方往下落的方法。"在最初的飞行家使用降落伞之前的300年里，降落伞的概念就已经被列奥纳多·达·芬奇提出了，他已经远远超过了同时代的人们。

他的笔记本有12册，那些稿本都躺在米兰的图书馆之中，和那些被人遗忘的书籍和手稿一起躺了几个世纪。1519年的时候，达·芬奇逝世了。他的笔记本也就这样被人遗忘了，直到18世纪，那些被埋藏的智慧才再次出现在人们的视线之中。他用羽毛笔勾画出几个线条，竟然可以勾画出活生生的人脸的轮廓。

许多的路从人类行进的路上分开来，然后不知道在某一处，又重新汇合，出现了一条新的道路。人类从遥远的黑暗之中走出来，那是一个充满了朝气的巨人。难道我们真的在某个地方见过人类的化身吗？在列奥纳多·达·芬奇的工作室里，或许在那许许多多的布满了线稿的草纸上依稀有着他的身影吧。那些心底的幻象，想要自己创作的欲望终于被克服了，还是严格要求自己要尊重事实，脚踏实地地进行研究，进行实验。匠师们最需要克服的就是灵感的冲动和受创造欲支配的冲动，只要能够克服这两种东西，差不多就算战胜了自己。

而对于艺术家而言，什么都是可以尝试的，害怕两个字不应该出现在他们的词典里。他们应该一直有着有条理的思路。达·芬奇并没有什么矛盾之处，他可以集中自己全部的力量去做自己想要做的事情，而不是把它用在和自己的斗争上。他有着安详的面容，他的嘴唇在一圈白胡须之中紧闭着，表现出了他聪明的意志。他白色的眉毛微蹙着，并不是因为愤怒而使眉毛纠结在了一起，而是反映出他的精神集中。在他高高的额头下面，明亮的眼睛正在凝视前方。眼睛是心灵的窗户，它可以让心灵从这里更好地观察这个广阔的世界。

第04章

·人类前进的脚步·

　　航海的热情并不是只有威尼斯和热那亚存在，在那些比威尼斯和热那亚更加靠近大洋的城市里，那里的市民也染上了这种前进的激情。就好像大洋在号召这些热情的人们，号召他们到它那里去一样。

大洋阻挡不了人类

就在达·芬奇思索着应当怎样让人类征服空气与海洋的时候，这个世界上的其他人也在思考着该如何对付茫茫大海。世界上有太多的新鲜事物啊！人们从寒冷的北方的海走到了马达加斯加，从直布罗陀海峡游荡到苏门答腊岛。而现在，他们发现了一个更加有趣的、值得探险的事物——大洋。在人们的心中一致认为大洋是世界的边缘，他们构成了水的墙壁围绕着整个世界。

▲ 赫拉克勒斯杀掉半人马涅索斯

在阿拉伯水手的传说中，我们知道了有一个叫做赫拉克勒斯[1]的巨人曾经在大洋的门口树立了一根石头柱子，上面写着，"不能再往前航行"。这个故事从腓尼基水手那里，传给了希腊水手，然后由希腊水手传给了阿拉伯水手，最后成为了阿拉伯水手的古代传说。还有的人说并不是柱子立在岸上，而是一个石头雕刻的赫拉克勒斯像。他右手的手掌伸向地中海，像是在劝阻每一个航海的人不要再向前走了。而在赫拉克勒斯的另外一只手里，握着一把锁住了大洋大门的锁钥，就是为了防止有人不听劝阻，私自出

---

1 赫拉克勒斯是希腊神话中的大英雄，他非常神勇，曾经完成了 12 次英雄的业绩。赫拉克勒斯柱子指的是直布罗陀海峡两岸的岩石。

海。于是人们就在地图上，在直布罗陀海峡旁边的地方画了一个一手拿着钥匙，另一只手向前伸出，做出拒绝姿势的巨人。人们前往大洋的道路就这样被一个石头巨人阻挡了。人们被巨人给吓住了，他们就这样真的不敢向前了。因为人们到现在还不能认识到自己的身体里究竟蕴含着多么神奇的力量。

生活在 14 世纪初的意大利诗人但丁·阿利给里（公元 1265~1321 年），在他早年的时候写过一本叫做《神曲》的巨著。在那本书中，他是这样描述地球的：

圣灵和天使居住在天堂里面，地面上有一座山，山可以通向巨大的天堂。天堂在天球的一面，而在天球的另一面，有一个张着大口的漏斗通向地心，这个大穴和天堂上的山一样巨大。在漏斗形的大穴周围环绕着一圈圈的地域。所有有罪的灵魂都会进入地狱里，在那里痛苦地呻吟，在那里诅咒自己的命运。地狱中的灵魂不会得到安宁。那些灵魂在地狱中就好像风中落叶一样无助；也或许在地狱之火中永远燃烧，却一直都燃烧不完，因此痛苦也会一直都持续下去。那些叛徒和卖国贼是最卑贱的人，他们将会在地球中心的冰窖里遭受严刑。那些罪恶越深的人所要遭受的刑罚越痛苦。

奥德修斯被放在了地狱的第一层里面。而奥德修斯被放在第一层的原因是因为他违背了神的规定，跨过了大洋的大门。他也像那些被阻挡住的船员一样到达了狭窄的海峡。

在那里，他看到了赫拉克勒斯曾经划下的分界线，任何人都不能够越过它继续向前方行驶。但丁明白人们的这种心情。他知道人类的一生有着无限种的可能性，他们可以上升到最崇高的高处，也可以堕落到那叛逆的深渊之中。但丁明白人们激情的力量，它会诱使人们迈过已知事物的界限，它会像一个魔鬼一样，唆使人们前往未知事物那里去。但丁虽然骄傲、伟大，但他毕竟还是属于他所存在的那个时代的。在那些未知的事物之前，他依然会感到畏惧，不能用平常的心态去面对。他虽然理解激情，可是他认为激情也是有界限的。被赫拉克勒斯锁起来的大门永远不会在人们面前打开。那时候的每个人都是相信这个事情的。

大洋被水手们称为黑色的海。这个黑色指的是神秘，不能让人探寻其中一丝一毫的秘密。在那些水手的心目中，海洋上会有很多的雾，那些雾是海水的蒸汽形成的。海面上的雾是如此浓烈，就连太阳都会被遮住。水蒸气继续上升形成乌云，漂浮在水面上空。每当海面上有很大的旋风的时候，乌云就会被旋风卷起，随着旋风在波浪间移动，就像是水柱一样。船舶在大洋之中几乎不能移动，就像是陷在树脂里面一样，这是那个时代人们普遍的想法。

事实情况是怎么样呢？难道说真的有一堵墙挡住了人类前去海洋的道路吗？在之前，水手们讨厌从一个海域航行到另外一个海域。红海和阿拉伯海之间的海峡被阿拉伯人叫做"巴贝尔－曼特布"，是"死亡之门"的意思。虽然如此，但是阿拉伯人之中依然有勇士通过这个门，而在他们身后也有着跟随的身影。那么，会有人可以跨过大西洋的门槛吗？答案是肯定的，一定会的。而且这些人已经到了出现的时候了。

是什么吸引他们到大洋之中去的呢？那些人想要寻找一条通向印度的新路线。以前是有通往印度的路的，而且还不止一条，其中一条是经过巴格达走向波斯湾的旱路，另一条是亚历山大里亚和红海的水路。很早以前，有许多船只通过了这条道路。

但是现在它已经荒芜了。人们已经不再走从前的那条道路了，它已经被人挡住了。挡住海的究竟是谁？

是谁挡住了海

亚历山大里亚就是连接东西方的一条纽带，它的一端连着东方，另一端连着西方，就这样持续了几个世纪的时间。但是现在却盛景不再。沿岸的街上已经长满了青草，那些活泼的鸟儿在荒废的货栈里面筑起了巢穴，缆索被人丢弃在了泊船的地方，现在已经开始腐烂了。海港里已经没有船只停靠了，海浪轻轻松松地就可以涌进海港，再也不会在船舷之间来来回回地被碰撞了。这里的海港是那么清净，难得看到船帆。但是就在不久之前，这里可以看到全球不同国别的旗帜。

造成这一切的原因是什么呢？要有多大的暴风雨才能够赶走如此之多的船只，又有怎样的厄运才能制止那些逐利的商人放弃货物的交流？这并非天灾，而是人祸。

那是在 1453 年，那一年有着大灾难和大战争。亚洲的侵略大军又重新过来了。君士坦丁堡的街道上有着奔驰着的土耳其骑兵。苏丹穆罕默德二世[1]正在庆贺着征服拜占庭人的胜利。在他的宴会上，可

▲ 1453 年，在穆罕默德二世的率领之下，土耳其大军占领了君士坦丁堡

1　土耳其苏丹穆罕默德二世，公元 1430~1481 年。1453 年，在他的率领之下，土耳其大军占领了君士坦丁堡，并且改名为伊斯坦布尔，作为他的奥斯曼帝国的首都，1461 年又占领了拜占庭的残余领土，拜占庭帝国由此灭亡。

以看到他的桌子前有很多砍下来的敌人的头。那些难民都成群结队地沿着拜占庭的道路向西逃走，几乎拜占庭的每一条道路上都可以看到逃亡难民的身影。那些可怜的难民拖家带口，几乎没有什么财产。

就像是之前的战争发生的那样，学者们在蛮族人的手中抢夺他们认为的最宝贵的东西：书。为寻找躲避灾难的地方，那些希腊哲学家的著作出售到邻近的意大利的国土上去。

土耳其骑兵离开家乡越来越远了，他们从土耳其出发，向西侵略，然后再向北走到黑海沿岸，又向南走到叙利亚和埃及。卡法沦陷了，它曾经是热那亚的堡垒。那些建筑坚固的工事并没有保护这座城市，它被攻破了，那些可怜的居民都被当成了奴隶卖掉。

300年过去了，黑海沿岸一直冷冷清清。直到18世纪，俄罗斯人的轮船才开始打破了黑海沉寂多年的平静，但是此时，这条海路已经没有谁记得了，那些暗礁在哪里，那里的风向会如何已经不再有人清楚了，人们需要绘制新的地图。那些引导着船舶前进的领航人完全是瞎子摸象，他们只能胡乱地引导着船舶前进，或许他们可以顺利地通过，但是更多的时候却会船毁人亡。其实人们完全可以不必付出这么多的代价。在远古的时候，希腊和俄罗斯的船舶就已经完成了对这片海域的探索，那时候人们已经可以平安地在这片海上乘风破浪了。

土耳其人越走越远，他们的势力范围越来越大。那些通向东方的道路几乎已经全部都被阻隔了。土耳其的骑兵和近卫兵踏过了叙利亚热闹的城市，也踏过了埃及雄伟的金字塔。亚历山大里亚成了一座废城，那里变得又既寂静又凄凉。

在罗马时代，当罗马教皇下令禁止基督教徒和先知的崇拜者通商时，也是埃及的苏丹们向那些不信仰先知的人们收取重税的时候，从那时起这座城市就已经开始麻痹了，它的生命在渐渐流逝。直到土耳其－奥斯曼帝国[1]的到来。

那些来自土耳其的人说，安拉把陆地给了正统的信徒，把海给了不信任先知的人。在他们看来，马鞍要比船舶的甲板舒服得多。那些联系着西方和东方的道路就这样一条一条地消失了。

商人们却不是那样容易地就可以放弃东方的财富。那些来自东方和西方的货物在新的枢纽相遇了。那是意大利的沿海城市威尼斯和热那亚。那条由宝石、珍珠和香料汇聚而成的洪流从东方流向西方，而那些杜卡托、弗罗林和列阿尔[2]组成的金河由西向东前进。在这些交易商人的身影之中，你不仅可以看到从东方运来的五颜六色的丝绸，还可以看到从西方运来的颜色鲜艳的佛罗伦萨呢绒。那些商人就好像不知疲倦一样，一直这样干下去，甚至更加敏捷了。为了在更短的时间之内造出更多的织物，脚踏式纺车已经代替了纺锤，当人们的脚踏起织机的踏板的时候，那些货物构成的洪流流动得越来越快了。

有人会问，如果这些洪流放慢了脚步那又会怎么样呢？那个时候，整个地中海沿岸的城市都会枯竭吧；那些飞速运转着的机床都将会停下来了；那些围绕着机床工作的成千上万的技师和学徒也将要失业了；那些繁华的、熙熙攘攘的集市和商场也将变得萧条；那些和王公一样有权势和名望的商人们也会破产。

而那些手工绘制的圣母玛利亚的画像、金子铸成的精美的杯子、玻璃制成的高脚酒杯、古代先贤的手稿都将会从他们的宫殿之中离开，到那些收购商人的手中。君主的国库也将变得空虚了，因为依赖贸易的税收也几乎没有了。

那些国王和有名望的大商人都准备了船舶，他们要派人出洋。他们对船长们说："去寻找新的道路吧！只要你们沿着岸边走或者是一直走下去，你们要穿过暴风雨，穿过龙卷风，在黑暗的海上航行，在赤道炙热的海洋上航行，

1　土耳其－奥斯曼帝国，土耳其人建立的军事封建帝国，于公元1290年建立，因其创始者土耳其一世而得名。

2　列阿尔，古代西班牙的一种小银币的名字。

若有需要的话，那就穿过地狱的大门吧！"水手们就这样出发了。那些大船常常被暴风雨打碎然后沉没，出海的人常常会杳无音讯，他们的妻子会穿上黑色的丧服。尽管如此，依然不停地会有新的船从船台上下到水里去。只要能够凑起来一个探险队，就算是让国王把自己的钻石都抵押出去，或者是让商人们把他们的全部财产都变卖也是愿意的。从来都不会缺少愿意去探险的人。有一些小孩子也逃出了家门，偷偷溜到船上去，躲在船舱的麻袋和大桶之间，以为这样就可以到童话之国去。

这种航海的热情并不是只有威尼斯和热那亚存在，在那些比威尼斯和热那亚更加靠近大洋的城市里，那里的市民也染上了这种前进的激情。就好像大洋在号召这些热情的人们，号召他们到它那里去一样。舵手们常常可以在水中捞出雕刻得很精巧的木块，海洋也会带过来那些人们以前从来都没有见过的树木。还有一些装着刺着花纹的尸体的独木舟会被冲到亚速尔群岛的岸边。于是人们坚信，在这片无边无际的大海的另一边一定有岸。

水手们的视线已经完全被大洋吸引了，他们仿佛透过这无边无际的大海看到了印度的庙宇和中国镀金的宫殿。就这样，充满信心和希望的水手们驾驶着一艘又一艘的船舶通过了直布罗陀。

三个被发现的海角

那些船舶出了直布罗陀海峡之后，走向了四面八方。它们有的向右驶去，有的向左驶去，有的一直向前走。那些热那亚的大帆船也向右走了，它们沿着欧洲的沿岸向前方前进。这些水手来到了安特卫普[1]，他们在集市上卖掉了自己的货物就一帆风顺地回家乡去了。而热那亚人多利亚和维瓦尔提乘了两

1　安特卫普是比利时的大商港，在13世纪的时候建市，16世纪的时候是欧洲最繁荣的商业城市。

只大船一直向前驶去,他们想要一直渡过大洋到达印度,但是他们遭遇了海难,消失在了茫茫大洋之中。

从直布罗陀海峡之后向左拐的是葡萄牙人,他们有着谨慎的行事作风。他们的船一直沿着非洲的西岸航行,但是当走到了博哈多尔角的时候,他们被风暴吓住了,停止了前进的步伐。就好像广袤的大洋开始发怒了,在对他们说:"不可以继续前进了。"于是他们为这个海角起了个名字,叫做博哈多尔角,意思是"不再前行的海角"。他们是不是值得继续向前航行呢?

那些托勒密时代的科学家就已经断定人们不能够继续向南航行了,因为在南方会非常炎热,那里的天气炎热得任何生命都没有办法生存。那里既没有动物,也没有植物。非洲就像是一道没有缝隙的高墙,一直通到地极。如果不能够把非洲绕过去的话,就不能够从这条路前往印度,那么人们也就不需要继续向前航行了。因为非洲并没有让人们为它而冒险的魅力。

科学家们都是这样解释的。那个时候的人们都是这样想的,非洲是人们前往印度路途中的讨厌的障碍。但还是有人继续坚持航行下去了,他的航行的路线越过了"不再前行的海角"。他们一直走到了最热的地方,走到了赤道那里。托勒密的话也不是完全正确的。

葡萄牙人回到了国土上,为那些没有出过洋的人讲述赤道周围的奇异事物,他们这样开着玩笑说:"我们所说的这些话都是得到了托勒密陛下的允许的。在他所认为的不毛之地上居住着无数的黑种人。因为天气比较炎热,那里的树木都长得非常高。"于是有一个新的地名在地图上出现了:绿角。他们曾经以为会看到一片黄色的焦土,却意外地发现了一片青翠,那里到处都生长着棕榈和灌木。大象们躲在森林之中打量这些奇怪的来客,它们的皮肤长得跟树皮一样高低不平,耳朵就像巨大的叶子一样。水手们的胆子越来越大了,他们在岸上树立起一根又一根的石柱,那些石柱上面刻有葡萄牙的国徽。他们在地图上用十字架和国旗记录下这些地方,然后继续向前方探索。十字架和国旗向南方推进了一英里又一英里,就在到了距离极地还有几千英

▲ 站在船头指挥的达·伽马，他身边有代表葡萄牙的旗帜

里的地方，非洲海岸这堵阻挡欧洲人前去印度的墙却忽然向东边拐了过去。

现在已经好了很多了，人们只要绕过非洲就可以了。但是事情却不像想象之中的那样简单，风暴和逆风又拦截在路上。来自葡萄牙的水手在地图上记录下了位于非洲最南部的海角——风暴角。他们已经失去了继续向前走的决心了。在离开海岸之前，这支舰队的队长巴托罗缪·迪亚士[1]在刻着国徽的石柱上靠了很久。他舍不得离开这里，就像舍不得自己的孩子一样。船队被另外一个海军将领领向东去了，他们要航行到印度的岸边。在葡萄牙国王的下令之下，"风暴角"被改成了"好望角"。葡萄牙人希望这个海角不会阻碍他们前进的道路。几年之后，他们终于成功地在好望角之后找到了自己想要的。

瓦斯哥·达·伽马的船绕过了非洲一直向东行进着，他们一直都和逆风急流作着斗争。船队里的水手们在航行了许久之后终于看到了地平线上的马拉巴海岸[2]的高山。葡萄牙人的船终于航行到了印度的城市卡利卡特[3]。船队之中的成员是这样描述那次旅行的：

1　迪亚士，公元1450~1500年，是葡萄牙的航海家。他在公元1486~1487年率领探险队绕过了非洲南端，并且发现了好望角。公元1500年，他跟随着葡萄牙的另一航海家卡弗拉尔前去印度，航行到好望角附近的海面的时候，遭遇风暴逝世。

2　马拉巴海岸，印度西海岸。

3　卡利卡特，印度的城市，位于印度西海岸。

那是在1497年的时候，有四艘船被葡萄牙国王曼纽埃尔派出去寻找香料。这些船都是瓦斯哥·达·伽马指挥的。我们在1497年7月8日那天启程，那是一个星期日。船队在拉斯特罗往外行驶的时候，我祈祷我们这支奉了陛下命令的探险队能够有好的成就……1498年5月17日，我们看到了陆地，然后就进入了卡利卡特城。舰队长派了一个人进入城里面，在城里，他被领到了两个人面前。那两个人会讲卡斯提尔[1]话和热那亚的话，他们是从突尼斯来的摩尔人。他们的第一句欢迎的话语就是："是什么样的魔鬼把你们带到这里来的？"接下来他们就问我们到底来这里找什么。回答是："香料。"舰队长被皇帝接见的时候，皇帝正躺在有许多绮丽靠枕的华丽的卧床上。他给我们的国王写了一封信件，那是写在棕榈叶子上的，信里面是这样说的："贵国的贵族瓦斯哥·达·伽马到我的国家来了，我对此非常欢迎。我国有许多肉桂、丁香、生姜和胡椒，还有珍贵的宝石。我希望可以从贵国得到黄金和白银、珊瑚和红色呢绒。"

　　8月29日的时候，我们决定起程回到自己的国家去了，因为该发现的东西都已经被发现了。我们都感到非常高兴，你知道我们发现的事物是多么伟大。不管是西方的人还是东方的人，不管是葡萄牙人还是其他国家的人，他们所尝到的香料都是从卡利卡特输出的。由于无风和逆风，我们在海上逗留了那么久，差三天就到了三个月的时间了。我们的船员都生了很严重的病，我们的嘴巴就好像被诅咒了一样，牙床淹没了牙齿，没有办法吃东西了……在这段时间里我们死了30个人，其实以前也死过这么多的人。到了最后，每条船上只有七八个人还能够干活，但是也都是生着病的。在海林达，我们停留了5天，我们需要好好地休息一下，最后的那段行程太可怕了。到达了圣拉斐尔峡谷的时候，我们又一次停下了，我们烧掉了一艘用圣人的名字命名的船，因为剩下的水手已经不能够驾驶全部的船了。

1　卡斯提尔当时是一个王国，位于今天的西班牙中部。

记录这些话的人也死了，因为它就记到了这里，再也没有下文了。前往印度的海路被葡萄牙人发现了，但是他们却没有能够横渡大西洋。就在葡萄牙人绕过非洲的时候，西班牙人和英国人也在大洋上航行着，他们正在向西穿过可怕的黑暗的海洋，一直航行到印度。指挥的责任交给了来自热那亚和威尼斯的年老而富有经验的水手。其实地中海就像是一所学校，为那些想要征服大洋的人们进行培训。

▲ 约翰·卡波特，北美大陆的发现者。1497 年他奉英王亨利七世之命航行到达加拿大，第二年到达美国东海岸

托福洛·哥伦布是热那亚的水手，他要前去西班牙，去见卡斯提尔和雷翁[1]的国王。在布里斯托尔，一个叫做乔凡尼·卡波托（公元 1451~1498 年）的航海家，出生于威尼斯，后来前往英国，改名为约翰·卡波特。在 1497 年的时候，他奉英国国王亨利七世的命令，从布里斯托尔港出发，向西航行，到达北美洲的东岸，又掠过纽芬兰的南岸，回到英国。威尼斯商人创立了一个商船公司。哥伦布从此成为了西班牙的海军将领，他改名为堂·克里斯托巴尔·哥龙[2]。而卡波托也有了新的名字，他喜欢别人称他为，约翰·卡波特先生。他们之中，一个人渡过了大洋到达了西印度群岛，而几年之后，另外一个人发现了北美洲。人类会记住那两个日子的：1492 年和 1497 年。

在那些胆子大的人们身后，越来越多的航海者驶向新世界。

1　雷翁以前是西班牙西北部的一个王国。
2　堂是西班牙人对男人的尊称，这里是把哥伦布的名字改成了西班牙人的叫法。

人类发现了 新 大陆

　　人类只是继续向前航行，他们就到达了美洲沿岸的群岛之上了。人类从这个岛屿行进到那个岛屿，他们逐渐进入了大陆，然后先是在海岸线周围活动，又逐渐深入森林和草原之中。展现在这些人面前的是一个新的世界，一个和他们之前的居住地完全不同的新世界。

　　这里有着很大很宽广的河流，河流穿过茂密的森林流向远方。在河水奔流的河道上方，绿色植物构成了一道天然的回廊，寄生植物缠绕在树木上，就好像密林把河流抱在怀中一样。但是河流依然是自由的，因为河水从未停止流动。每当下起雨的时候，河流就会快速地上涨，河水漫出了河道，像海一样泛滥开，把整个森林都淹没。虽然那些树木在这里已经矗立了很多年了，但是河水冲过的时候，树木依然会向它们臣服。河流在不同的树干之间来回碰撞，就好像自己取得了胜利一样，高兴得不知道要怎么表达才好。

　　河水忽然涨起来又忽然落下去的现象在离河口还有几百千米远的地方就会发生。那是由于大洋在涨潮落潮，海水的波浪涌入了河里面，但是它们却不能够长时间地停留在河里，它们会继续回到海洋之中。等到海水的波浪远离了河岸之后，它们会继续在海洋里面进行自己的旅行。在离大陆很远的地方，可以在咸海里收集到

▲ 从科罗拉多河面看大峡谷

一些淡水。

北方的许多大湖都像我们吃饭的碗一样，一个一个地重叠起来，湖水从一个碗里奔跑到另一个碗里去，这样就形成了世界上最大的瀑布。

人类在这片大陆上不断地探索着。他们发现了高耸入云的山峰。倾斜的山坡上长着许许多多的树，它们一直在这里生长，没有受到人类的破坏。这些树木的家族已经在这片土地扎根了几千年了。

人类继续向前方探索。眼前出现了一条壮丽的大峡谷[1]，像巨犁划成的峡谷。峡谷的深度大概有两千米，从上面向下看去，只能隐隐约约看到下面奔流的水。人类在大陆上横冲直撞，吓走了从来没有见过的鸟，而那些驼背的野牛对他们却一点也不惧怕。野牛肆无忌惮地走在人类的跟前，挡住了他们的去路。为了前进，人们只好用石头和棍子赶开他们。人类越走越远，他们不断熟悉着这个世界，并且将会掌控这个新的世界。

为发现付出的代价

我们总是提起整个人类。我们向前回顾，那些真正的人类先驱者却再也分辨不出来了。他们有时候出现在这里，有时候出现在那里，然后又消失在了森林和草原之间。

记得那是工萨洛·毕萨罗率领他的那一小队人马穿过积雪覆盖的安第斯山脉的时候，队伍里面的人都小心翼翼地走在覆满冰盖的山岩上。他们为了让自己保持平衡，伸开双臂前进。那是多么高的地方啊，连呼吸都会感到困难了，每个人都出现了高原反应，憋得脸通红，他们都精疲力尽了。毕萨罗亲眼看到他的一个同伴怎样从山岩上掉了下去，然后又看到了第二个……而

---

1 美国的科罗拉多大峡谷，深达 1830 米，约有 440 千米长。

另一个探险者克萨德带领他的伙伴在南美洲的丛林之中开辟新的道路的时候，却遭到了另外的麻烦。他们用斧子和刀为自己在森林之中开辟前进的道路，因为森林并不愿意让他们前进，他们的脚步被那些森林中生长的藤蔓和树木给挡住了。森林之中并不是仅仅有植物的存在，有的时候那些动物更加可怕。蚂蚁、大黄蜂和蛇不分昼夜地搅得旅行的人不得安宁。探险队向前方推进的每一步都付出了超人的劳动和常人所不能忍受的痛苦。

那些在结冰的山石上小心翼翼行走的人和在树林之中艰难前进的人是多么伟大啊，但是和整个自然比起来，他们又是渺小的。这是需要有多大的勇气才能够下定决心做这件事情啊，又是有多大的毅力才能够坚持下来啊！是他们内心的顽强精神在支撑着他们。

有的时候，人们会发现，自己或许被丢弃了。就像水手那发埃斯和德·发卡，当他们走出了密林，走到了佛罗里达岸边的时候，他们并没有看到自己的船。舰队没有等他们回来就开走了，但是这并没有让这两个水手丧失信心，他们要回去，下决心去造船，即使造不了大船也要造两只小帆船。

▲ 美洲土著人象对待神明一样热情接待西班牙人

他们几乎什么都没有，完全是凭着自己的双手在造船。他们没有斧子，没有锤子也没有钉子。他们从皮靴上拆了踢马刺，从马鞍上取下了马镫。只要是他们能够寻找到的一切铁制的东西都被他们熔化掉，来用在他们正在制造的船上。他们先打出了锤子，然后又制造出了绊钉和钉子。他们的衬衣变成了船上的帆，而船上的缆索是用藤子拧成的。小船很快就被造好了，他们就这样乘坐着自己做的小船驶入了大海。或许是他们的进取心和顽强精神影响了鲁滨孙吧。

虽然整个人类的族群都在不断地进步，但是个人要取得一点点的胜利是很困难的。

那些探险者进入了热带的丛林，却不知道那里有潮湿的天气。他们金光闪闪的甲胄都变得锈迹斑斑，甚至人们穿的衣服都会在潮湿的沼泽之中分解碎裂。森林里有会咬人的毒蛇，而下面的河里隐藏着有锋利牙齿的鳄鱼。人们在夜晚睡在高高的吊床里面，不是因为什么情趣意境，而是为了躲避野兽，不得不把吊床吊在半空。有的时候这样也不能够保障自己的平安，因为猎豹可以高高跳起来偷袭睡梦中的人。挨饿对于探险的人来说是家常便饭，有的时候饿到了极点，他们甚至会去煮皮带、腰带和鞋底。

在这片广袤的新大陆上并不是到处都荒无人烟的。有的时候前去探险的人也会碰到这片土地上的原住民。当客人碰到主人的时候，双方的和平就会被打破了。探险队和原住民相互斗争，他们都让对方尝试了自己最厉害的武器，双方都遭受到了不小的损失，但是原住民们受到的损失更为惨重。在西班牙人的眼中，印第安人根本就不能够算是人类。那个时候的美洲，马匹还很少，根本就不能够满足西班牙人的使用，于是印第安人就代替了西班牙的驮马。在进行长途行军的时候，印第安人要像牛马一样为西班牙人运送工具。西班牙人把大片的土地划为他们的领地，而印第安人在西班牙人的矿山里面挖银矿，在西班牙人的田地上耕种作物。西班牙人不允许他们的奴隶有一丁点的反抗，他们会用最残暴的手段去镇压那些不听话的人。他们把那些不听话的人连同房子一同烧掉，或者放狗去追逐他们。那些从西班牙带来的凶猛的虎头犬学会了如何去咬人。每当它们的主人喊"托马罗"的时候，它们就会扑到印第安人的身上，咬住那些人的喉咙。"托马罗"就是"抓"的意思。那些可怜的印第安人放声大哭，他们用手脚抵御着虎头狗的攻击，然而他们反抗却是那些残忍的西班牙人的笑料。

其实这种事情并不是第一次发生的。在很早的时候，罗马人就曾经带着狗在科西嘉岛上咬人了。但是现在西班牙人比罗马人要更加残酷。在每次探险完毕之后都会分战利品，而狗可以分到的战利品和士兵一样多。曾经有一条在这些虎头狗中非常杰出的狗，叫做利奥西科，它为它的主人赚得了好几千弗罗林的金币，就连毛瑟枪队中的神枪手也不能赚那么多的钱。在印第安人的发展史中充满了被迫害的印第安人的血泪。

僧侣安东尼·蒙德基诺每次传道中都要指责这种行为，指责那些人面兽心人的罪恶。他的正义遭到了威胁恐吓，但是无论什么样的惊吓都不能让他停止说话。还有人把自己的一生都奉献给了保卫印第安人的斗争，那是西班牙的教士，尊贵的拉斯·卡萨斯，他是一个潜下心去研究印第安人历史的人。人们为这刚刚发现的新世界付出了很高的代价。那些印第安人自杀了，是整村的人一起自杀，他们的生活是那样难以忍受，他们常常因为各种热带的疾病和不知道从那里射出来的毒箭丧失生命，而许许多多的人会因为利益的分配而在断头台和绞刑架上面被结束生命。

其实那些白人自身也不是想象之中的那样团结。水手已经厌倦了在外漂泊的日子，他们迫切地想要回到家乡，他们不再想吃那些生了虫子的干面包，也不想同那些风暴作斗争了。那些水手想家了，他们无法抑制思念故乡的情绪。他们在自己的队伍之中发生暴动，把船长关到了船舱里面。船长们当然不会容许有人挑战他们的权威，当暴动被镇压之后，那些煽动进行暴动的人将会得到严厉的惩罚。他们被吊在帆架之上，或者会被送到荒无人烟的岛上去。

城市被征服者建立起来了，在那些城市里面，争夺政权和战利品的斗争

在时刻进行着。克里斯托弗洛·哥伦布虽然发现了新大陆，但是他并没有占到什么便宜。他被人们用链子锁了起来，然后沿着他发现的那条路，把他送回了西班牙。德·巴尔箐阿也被判了死刑，尽管他是第一个看到太平洋的人，但是他还是死了，他的头颅就滚落在西班牙人所发现的土地上。

新世界有美好，也有灾难，但人们还是不顾一切危险想要到新世界去，究竟是什么在吸引他们呢？黄金吸引了更多的西班牙人前往南方，那些没有黄金的地方就被他们遗弃了，被标注为无用的地方。而英国人和法国人也到新大陆来了，他们占领了这些西班牙人认为无用的地方，他们在那里面获取毛皮，这些贵重的毛皮被运到欧洲的市场之后同样可以获取金光闪闪的货币。

有的时候人们只是听到一个传说，就可以在那些幻影之后追上几千千米。埃尔多拉多被称为是"镀金人"的国家，工萨洛·毕萨罗和克萨德、奥雷拉等人都曾经追寻过它。就连英国的旅行家兼诗人瓦尔特·劳利（公元 1552~1618 年）英国航海家和政治家也曾经寻找过它。那是他们在印第安人那里听说的。有那样一个国家，那个国家的首领会像太阳一样发光，每天早上，人们会给他从头到脚的撒上金粉，到了晚上的时候，他又会在河里将这些金粉洗去。对于这个传说欧洲人深信不疑，为了寻找埃尔多拉多，他们在美洲的山林和草丛之间跋涉。

印第安人还说这里存在着一条青春的河，谁进入了那条河都可以恢复青春时候的健康和精力。曾经有一个叫做彭塞·德·雷翁（公元 1460~1521 年）的西班牙航海家去寻找佛罗里达。其实在地球上并不存在埃尔多拉多国，也并不存在青春的河。虽然他们没有找到自己想象中的东西，但是他们确实也有收获，他们看到了真实的而不是虚构的河流和国土。

美洲特大河亚马孙河是毕萨罗和奥雷拉考察的。克萨德走到了奥里诺科河的上游，而彭塞·德·雷翁发现了佛罗里达，瓦尔特·劳利找寻到了圭亚那，并且建立了第一块英国殖民地——弗吉尼亚。

新旧之间的隔阂

新世界被人类发现了。但是就和以前一样，他进入的依然是那个旧世界而不是新世界。新事物被发现和看见是困难的，但是想要人们明白他们发现和看见的究竟是什么东西就更加困难了。

那些航海的人开始是想从大洋上面找到一条新的海路前往印度和中国。在大洋上出现了一个大陆的时候，他们并不能清楚地意识到自己到底是在哪里。那个大陆他们从来没有见过，他们不清楚自己来到了什么地方。他们只是想前往印度，他们并不知道这里不是亚洲的海域。哥伦布在路途中常常会想象以后驶入印度港口的那一天。

那会是多么令人高兴的场面啊！他们的船在海湾里面抛了锚，有许多小船包围了他们，那些船上载着缠包头巾的人。那些笨重的中国帆船也停在这个港口之中，那些帆船上面有席制的帆和跟船桅一样长的桨。商人和水手们在岸上喧嚷，还可以看到脚夫和托钵僧。人群忽然让开了一条路，有一个骑着阿拉伯大马的人，或者是骑着脖子上套着金链条的大象的人走过去。哥伦布会受到印度公爵的接见，就在公爵的宫殿之中。印度公爵坐在镶嵌着宝石的宝座之上。阿拉伯的商人是会设下圈套的。船或许还会遭到海盗的袭击，但是只要用一颗炮弹，就可以让那些强盗明白自己的处境。哥伦布要带着船队返回欧洲了，每只船上都装满了沉重的货物，有黄金、珍珠、充满芳香的白檀木、肉豆蔻、丁香和肉桂等。

这是哥伦布的梦想。但是现实却并不是这个样子。这里没有穿着富丽的人，这里的人都不穿衣服，不管是富丽的衣服还是褴褛的衣服。这里没有豪华的宫殿，只有一些小草房。带着金马勒的马不存在，套着金链条的大象也不知道在哪里才会有。海岛上满目荒凉，海湾里并没有停放着的中国帆船。

▲ 哥伦布初到美洲。登上美洲的土地，他还以为到达了印度，所以称当地人为印第安人

其实哥伦布在这时候就应该清醒了，这里并不是他想要前往的地方。他是一心想要前去印度的，但是他却在一个并不存在印度的地方看到了印度。他立刻就把当地的土著人称为是印第安人，因为他认为这里就是印度。这显然是一个错误，但是到了今天我们依然延续着他的错误，将那些人叫做印第安人。在他眼中的茅草房不过是那个富有国家里面的贫民窟。有些土著人的鼻子上面穿着小金棍，这更加让他认定了东方的财富就在这附近的某个地方。那些从潮湿的热带森林的深处飘来的阵阵花香被哥伦布误以为是印度香料和印度香木的气味。当地的人说"西薄"，是指石头多的土地，并且指向西方。但是哥伦布却认为他们说的是"西本"，那个时候人们都是这样称呼日本的。印第安人口中的"卡拉伊伯"也被他听成了"卡尼伯"，那是一个蒙古部族的名字。他坚定不移地认为他已经到达了自己想要去的地方。他在自己的航海日记中写道他现在已经在大汗的都城克维塞附近。

在到达了古巴岛的时候，他派出了使者去见那些统治者。他挑选了几个会说阿拉伯话的人，给了他们一些丁香和肉蔻的样品，让他们前去商议合盟的事情，找到这个国家的最高统治者，缔结他们和卡斯提尔国王之间的同盟。使者们进入了岛屿的深处，但是他们并没有找到大城市，也没有宏伟的宫殿，只有一个拥有50多所小草房的村庄。这里的统治者也没有镶嵌着宝石的王座，他坐在光地上接见了使者们。他们只能用手势进行交谈了，因为首领自然也是不懂得阿拉伯语的。在他看了使者们带来的香料的样品之后，他做出了非常奇怪的表情，因为首领本人从来都没有见过类似这样的东西。这里的一切都是那样的奇怪，但是哥伦布不允许自己存在任何疑问。他告诉自己，这里是中国的许多省份当中的一个，而且他还强迫他的水手们发誓说自己绝不怀疑这一点。当时的情形被记录在了《议事录》里面："无论谁放弃了这个宣言，如果他是军官，就要割去他的舌头，并且处以 1000 马拉维地 [1] 的罚金，如果他是水手，就罚他被鞭笞 100 下"。

那时候哥伦布还航行在加勒比海上，但是他毫不怀疑地认为那是印度洋，他还做好了从红海和亚历山大里亚回乡去的打算。他还到巴拿马附近的地方去探索恒河河口。哥伦布出海航行了四次，但是一直到了他去世的那一天他还在认为它已经到了印度附近，而且他还把埃希班诺拉岛 [2] 当作了日本，这真是历史上的一个笑话。他一直带着旧世界的眼光来看待这个新世界，它阻碍了自己发现新世界的伟业。

在那个新的时代之中，他是站在最前端的人，但是他的思想依然是旧的。在他的脑海之中，这个世界又窄又小，只要是在大洋里面航行几天就能够到达东方的国家。因为圣书里面曾经说过，陆地有海洋的 6 倍大。在他看来，地球虽然是球形，但是更像一个梨子而不是苹果。在梨柄的部位有着高耸入云的山，而山的顶端就是天堂。哥伦布不止一次地认为自己到达了天堂附近。天气十分暖和，空气中充满了各种香味，颜色鲜艳的鸟儿成群结队地飞过树梢，就像当年亚当和夏娃赤裸着身体在树下徘徊一样。哥伦布万分欣喜，他感谢神明让他来到了天堂，这里就是人间的天堂。

哥伦布在他的人生中有一个巨大的发现，但是同时还有一个巨大的错误。这个错误导致了被他发现的新大陆并不是用他的名字来命名，而是用了亚美利哥·维斯普奇（公元 1451~1512 年）这位意大利航海家的名字。亚美利哥出生于佛罗伦萨，后来服务于西班牙和葡萄牙。公元 1497~1512 年，他 3~4

1　马拉维地，11~12 世纪西班牙铸造的金币。
2　埃希班诺拉岛，海地岛的西班牙名字。

次航行到哥伦布所发现的南美洲的北部，并且确定了这片岛屿不是印度，而是一片新的大陆。后来美洲就成为了亚美利加洲。亚美利哥什么也没有发现，他只是确定了这片土地是一片新的大陆。

那些跟随哥伦布前往美洲的航海家在这个新世界的陆地上找到了没有开化的人和石质的工具。在墨西哥和秘鲁的领地上，他们看到了运河和堤坝，看到了桥梁和道路，看到了宫殿和庙宇。在那里有着让人惊叹的金制的走兽，有着色彩缤纷的织物，还有着画着彩色象形文字和图画的花瓶。在北美洲的森林里面，那些土著人过着原始人一样的生活，他们想要通过巫术的舞蹈来获得野牛的同情，让那些牛能够将自己的肉赐给他们。

在墨西哥，有一个叫做普韦布洛[1]的小村落，那里有着像爱琴海群岛上大家族拥有的大房子。这里的首领蒙特楚马[2]坐在自己宫殿的宝座之上，就像神话中克里特岛上的国王弥诺斯[3]一样。南美洲的农民们在庙宇里面向太阳祈祷，就像古代的埃及。这里的宗教大首领们就和法老[4]一样，他们能够支配顺从的臣民们的生与死。

人类的历史就是这样进行着的。但是那些漂洋过海的侵略者并不清楚历史，也不明白他们到底看到了什么。那些家族的首领被他们当作了有统治权的王公，在他们看来，那些巫女的舞蹈就像是宫女取悦统治者一般。那些我们现在只能够保存在博物馆里面的金银制成的人像和杯碗在他们那里是用分量来论价钱的。

旧世界的人们以为那座城市依然保留着，却不知它早已被那些侵略者毫不珍惜地毁坏掉了。

1　普韦布洛，西班牙人称呼美洲印第安人村落的名字，这种村落有着梯形的多层平顶的结构，是整所城堡式的结构。

2　蒙特楚马，生活在阿兹拉克。西班牙人在公元1519年率领了几百名暴徒侵入中美洲的特诺奇提兰，那里是现在墨西哥城的所在地。他们用野蛮的手段迫害了生活在那里的阿兹特克人。蒙特楚马是当时阿兹特克的军事首领。

3　弥诺斯，希腊神话中的克里特王，是主神宙斯的儿子。

4　法老，埃及国王的尊称。

人类已经周游全球

旧的事物和新的事物同时在这个地球上存在着。在有些人的眼中，这个世界还是又窄又小，但是在另外一些人的眼里，他们已经知道了这个世界是多么广阔。

在哥伦布的水手们登上了海地岛的时候，印第安人告诉他们这个国家叫做"克维斯克微亚"。"克维斯克微亚"在印第安语之中就是世界的意思。那些印第安人开始盘问远道而来的西班牙人："你们为什么会从天上掉下来呢？"在以前的时候，在香树的国家本都，那里的未开化的居民也曾经这样问过埃及的水手们。而到了现在竟然还可以听到这样无知的问题。西班牙人也像埃及人当初的反应一样大笑起来。世界是很大的，那些西班牙的水手已经见过了不少的国家和民族，在他们到达海地岛之前，已经在广袤的大洋之中漂泊了许许多多个日子。印第安人认为这个岛屿就是整个世界，而西班牙人为它取了一个谦逊的名字"埃希班诺拉"，它的意思是"小西班牙"。

就在不久之后，这个世界变得更加辽阔了。人类第一次绕了地球一周，古希腊的地理学家、天文学家、数学家和诗人埃拉托色尼（公元前275~前194年），所预言的事情终于在今天发生了。

在探寻从西部到印度的时候，麦哲伦的船从南面绕过了南美洲，横渡了太平洋。麦哲伦并没有能够亲自完成这件事情。他死在了亚洲的东岸。在一个不知名的小岛上，麦哲伦死在了和当地居民的冲突里。死掉一个人是很正常的，甚至死掉几十个、几百个人也不是什么稀奇的事情。但是如果想要人类灭亡就不是那么容易的事情了。

就像是笔尖从一个学者的手中滑落的时候，另一个学者会接着拾起它来，把这已经开始书写的一页继续描绘下去。而在航海中也是这样的，当一个航海家在半路上不幸死亡的时候，另一个航海家就会接过他的使命，继续指挥船只前进。在麦哲伦的队伍之中也是这个样子的，他的旅伴爱尔·卡诺站到了他的位子上，带领 5 艘船中的最后一艘回到了故乡的港口。船是向西边驶去的，却从东方开了回来。就好像太阳的东升西落一样，它从西面隐入了大海之下，却又在第二天早上从东方升起。爱尔·卡诺得到了一个徽章，那上面刻着地球的图画，还有着骄傲的题词：你是第一个绕我一周的人。

▲ 麦哲伦

在多少次之前，人们都曾经这样幻想，幻想着能够到达世界的边缘。就像是岛屿存在边缘，城市存在边缘一样，世界也应该是有边缘存在的吧！但是现在，他绕行了整个地球，完全不是之前想象的样子。世界是一个球状的东西，它根本不存在什么边缘。经过了哥伦布和麦哲伦的航海之后，新的时代降临了。

那些从美洲驶出的船舶满载着金银，它们进入了大洋，可以在半路上遇到驶向美洲的船，那上面有从非洲运到美洲的黑人奴隶。而与此同时，那些满载着印度香料的轻快帆船正绕过非洲继续航行。大西洋才是最繁华的大洋。意大利人还在和土耳其人争执到底谁才是地中海的主人，但是现在好像已经不是那么重要了，因为地中海已经不再是地的中央了。

现在已经不是江河时代。以前，人们从一个部落前往另外一个部落都要从河上走，后来人们征服了海，现在已经是海的时代了。在海的时代之后是什么样的时代呢？

在列奥纳多·达·芬奇从窗口注视鸟类飞翔的时候，他就已经知道了。

混乱 的 地球

当地中海城市里的人听到发现了新的前往印度途径的消息时，他们好像被打击到了一样，那些威尼斯的商人们急着赶到利阿尔托去，在那里的桥头和市场，许许多多的买卖人一大早就在吵嚷着。无论什么时候，你都可以在那里打听到香料的价格，或者你想打听一下，一弗罗林到底可以兑换多少杜卡托也是非常方便的。那些商人们还会相互讨论头一天城里到底发生了什么事情，而外乡的商人又给他们带来了什么消息。

那些搬运夫把货物从肩膀扔上码头，那些小贩们都在奋力地叫嚷，力图要比比谁喊得更响一些。家庭主妇们翻动着那些蛤蜊堆和新鲜的鱼，商人们商谈着合同的事情，他们并不会随身携带着装货物的麻袋和大桶，他们只要说出货物的名字、数量和价格就足够了，这并不是微不足道的小买卖，他们所交易的货物足够许许多多的人一同使用。

从一艘刚刚停下的平底船里走下来了一个戴着礼帽的商人，他匆匆地扔给了船夫一枚钱币就走到运河的桥廊里去了。他和所有的人打着招呼，不管那些人是朋友还是敌人，因为现在已经顾不上管那些以前的恩恩怨怨了。因为他们现在要共同面对着一个巨大的灾难。这个商人问每一个人："你们有什么好的消息吗？""没有，丁香还是没有人需要。"其中的一个人低沉地回答。"肉豆蔻的销量也强不到哪里去，大家都担心从卡利卡特来的货物。"另外一个人说。"难道领地的使节没有来信吗？""还不如不来信呢！他倒是来信了，但是正因为这样大家才更担心。在他的信里全部都是坏消息。"

到了晚上，商人点起蜡烛，拿出了厚厚的笔记本开始记录着什么。他已经被白天的挫折和焦虑折腾得疲惫不堪了。"24 日的时候，威尼斯的领地使节从葡萄牙寄信来。他到那里去探究葡萄牙国王发起的到印度旅行的真相，因为这个事情要比威尼斯跟土耳其打仗还要来得重要。"在使节的信中，他们知道了这次航行一共沉了7艘船，但是剩下的6艘船所带回来的货物简直无法估计其中的价值，那真的是太多了，太贵重了。如果葡萄牙国王还要进行这样的旅行的话，所有的人都要到葡萄牙去购买香料了，而那些钱也将会全部留在那里。

当这个消息被那些留在威尼斯的人得知的时候，每个人都感觉到惊愕。那些人竟然发现了新的航路，我们的祖先都不知道的航路，我们从来没有见过也没有听说过的航路。在那些元老会议员们看来，这对于威尼斯共和国来说，是个除了丧失自由之外最坏的消息。因为威尼斯国家之所以这样出名，就是因为它有着连续不断的维持贸易和航行的海。如果真的确定了从里斯本到卡利卡特的航行路线的话，那么威尼斯的平底船和威尼斯商人就会缺少香料了。威尼斯如果失去了贸易，就会像树木离开了阳光，慢慢干枯死亡。

意大利的城市遭受了非常大的打击。幸福的阳光不是只照耀着这里了，它也在照耀大洋岸边上的别的城市了。那些国家之间开始发生争执了，到底应该由谁来做海的主人，到底应该由谁来统治那些广袤的领域。这又有什么关系呢？反正不会是意大利了，也不会是威尼斯了。

那些大航海家说服了那些不相信的人，让他们知道地球是圆的。教皇和红衣主教们，国王和大臣们围在一起看世界上的第一个地球仪。那是纽伦堡的商人兼地理学家马丁·贝海姆制成的。马丁·贝海姆在球面上画了大陆

▲ 马丁·贝海姆，Martin Behaim，公元1459～1507年，德国地理学家，航海家，世界上第一个地球仪的制造者

和大洋。他是这样来形容那个地球仪的：在这个球形的东西上面，按着测量的结果画着全世界。这样任何人就都不会怀疑了。世界很简单，无论是哪里都可以乘船或者步行过去，就好像这上面所画的一样。贝海姆虽然在地理方面非常出色，但是他的政治嗅觉却十分糟糕。在他看来，世界上再也没有障碍和墙壁了，只要你想要到哪里去，都可以步行或者乘船前去。

但是这个世界却不像他想象的那样简单。就在他刚刚制成的地球仪上面，罗马教皇画出了一条新的分开世界的线。罗马教皇亚历山大·菩尔查在地球仪的大洋上画了一条从南极到北极的线，他是为了调停西班牙人和葡萄牙人，使他们和睦相处。

在他的划分里面，把西半球分给了卡斯提尔国王，而连同印度在内的东半球则被他分给了葡萄牙的国王。教皇非常满意，他就像是一个非常慈祥的父亲，把一个苹

▲ 世界第一台地球仪

果分给了两个闹别扭的孩子，让他们不再闹矛盾。而教皇大人作为一个成功的政治家对地理方面却很糟糕。他在地球仪上划出一条线来是很容易的，在真正的地球上划出一条线来却非常困难。在大洋上设起关卡，在那条线上立起柱子，这怎么可能很容易呢？

在大洋上发现这条线是不容易的，那要依靠仪器和计算，要确定出经度来，这可是非常复杂难办的事情。在现在，我们可以按照时间的差别，用最精确的仪器来确定经度。在那个时候，就算是最大的钟楼的钟也只有一根针，那些钟上只有时针。船上的人们只能够用沙漏或者水钟确立一个大概的时间，完全谈不上精确？水手们用来确定精度的方法是利用天空。黑夜的天空就像是巨大的钟一样，月亮是指针，星座是数字。可是月亮也非常调皮，在天上

有的时候走得快一些，有的时候又走得慢一些。有一个对照表是专门用来确定这种误差的。但是这张对照表也不是非常精确，那么准确地测量精度也就变得更加困难了。

那些在大海上航行的人们并不知道他们要到哪里去。船舶会行驶到别人的半球之上。或许是无心的，但是他们也非常乐意做这种事情。大炮的声音回荡在大海之上。炮弹被炮手们填入了炮筒，点着了引线，然后那些炮弹就带着呼啸声掉在了敌人的船舷旁边，激起了水柱。精度的确定方法不是按照地理学，而是按照武力的强大与否来计算的。

如果在海上，谁的大炮多，谁的船只多，那么他获胜的可能性就会比较大。在造船厂里，锤子敲得越来越响了。西班牙人的船一艘又一艘地从造船厂里开了出来，开进大海。而葡萄牙人也不甘示弱，做着同样的事情。那些更远一些的国家呢？比如英国、法国和荷兰那些国家呢？他们的木工也同样没有闲着。那些松树一棵棵地倒下了，被制成了船桅。百年老树消失了，只剩下了树根和满地的枯叶。

造船除了需要木材，还需要更多的铁。做锚、钉子和大炮都需要铁。矿工们挖铁矿的脚步越来越远了，他们都快要深入地心了。水轮为了抽出淹没矿坑的水累得上气不接下气。穿甲胄的人到铁匠那里去催促打造兵器的进度。国王需要更多的大炮、炮弹、甲胄和剑，他们催促铁匠赶快制作。炉子里昼夜不停地冒着火焰，那些沉重的锤子带着雷鸣般的巨响打向铁砧。

造出三桅战船还需要几千尺的厚亚麻布，用它们来做船帆。缝制那些士兵的军服需要大量的布匹，或许要用掉几千米长的呢绒。

无论到哪里都可以看到人们在工作，在织布和纺线，工匠们也在收新徒弟。一个作坊里面有十几个学徒，可是就算是这样，人数还是不够用。每一所小房子中的纺锤都在旋转，那些脚踏式纺车的轮子也旋转不停。不管是乡村的农妇还是水手的妻子，就连那些很小的孩子都在梳毛、理麻和纺线。亚麻布和毛呢越来越多了，那些商人们的柜子里的金币也越来越多了。

那些替国王服务的水手和刚刚入伍的士兵在酒店里向人们展示他们崭新的军服。那些船舶还有着森林里植物的香气，就已经进入港口，扯起了白色的帆。这些新的厚亚麻布还没有被考验到底结实不结实呢。大的舰队一个接一个地行驶到大海上，那些大炮都从四方形的舱口里伸出来，就好像在眺望。大家都在严阵以待，无论是水手、大炮还是船帆。

事态变得严重了。现在已经不是船与船之间的战斗了，也不是那些船队之间的战斗，现在已经变成了国家之间的战斗了。他们争执的起因到底是什么呢？为了那些大洋上行进的路和大洋之外的财富。

西班牙人在大西洋当家，而葡萄牙人得到了这个世界的东半个，连同印度一起。葡萄牙的海外代理处设置在了锡兰、苏门答腊和爪哇。那些从里斯本去的商人们坐着摇摇晃晃的轿子去巡视那些丁香林和肉豆蔻林。葡萄牙人的船只上装满了那些香料，这些货物将会被运往欧洲。当地土人的生存遭到了极大的威胁，那些来自葡萄牙的商人和官吏们毫不留情地掠夺和残杀他们。印度人说起他们的时候总是心有余悸，他们庆幸葡萄牙人是这样稀少，要不然印度人就会灭绝人种了。

这些掠夺者有一个非常危险的敌人。那些荷兰商人们并不愿意在里斯本花上三倍的价钱收购香料。那些荷兰人的船舶越来越多地出现在了印度洋上。荷兰的东印度公司也在岛上建立了海外代理处，而且还建立了堡垒。商人们赚钱的本事和打仗的本事是一样好的，那些荷兰的商人常常袭击葡萄牙的船。差不多所有的丁香和肉豆蔻都落入东印度公司里面了。东印度公司和国家一样有威势。而东印度公司在阿姆斯特丹的仓库里面几乎堆满了香料。商人们毁灭了岛上的肉豆蔻林和丁香园，只是为了提高香料的价钱。他们为了让丁香的数量保持尽可能的少，使得周围几英里以内的空气都充满了它的香味。葡萄牙人手中的苹果太诱人了，不只是他自己想要吃，别人也想要得到。荷兰人一直对此虎视眈眈。

西班牙想要维持自己现在的地位不是那么容易的事情。那些西班牙人想要获得更多的黄金，他们是贪得无厌的，但是他们却不喜欢劳动。那些来自卡斯提尔骑士的后裔们常常这样说：西班牙人用不着干活和关心未来。那些勤勉的阿拉伯人和犹太人曾经也生活在这里，但是西班牙人把他们赶走了。西班牙人拒绝劳动，他们认为只要劫掠就可以获得足够的财富了。黄金却在不断地减少，因为他们需要购买那些荷兰的货物，还有那些来自法国和英国的货物。能够在西印度贸易之中发财的只有那些在西班牙海关甚至在马德里有可信赖的朋友的外国走私者。那些英国人常常派自己的船队前去美洲，他们不愿意承认半个地球属于西班牙。那些西班牙人只是不断地在消费，他们把黄金花费在宴会和衣着上面。而与此同时，那些英国人却在辛勤地劳动着，他们在忙着造船，在忙着建立殖民地。

▲ 西班牙无敌舰队

西班牙国王要求英国放弃那些海外殖民地，但是这个要求被拒绝了，英国人不想放弃自己的既得利益。这样，问题就要继续用大炮和战舰来解决了。西班牙人的舰队没有什么悬念地战败了。从欧洲前往美洲的道路可以畅通无阻了。但是同样是掠夺者身份的荷兰也要过来分一杯羹，因此争夺大洋的战争还没有结束。

就这个样子，地球像一个苹果引起了一群孩子的争执。

在北方的俄罗斯

在有些船长想要从西方前往印度和中国的时候，也还有其他的一些人心中想是否能够向东航行，前往那些遥远的国家。

在 1548 年的时候，在伦敦成立了一个名叫企业家公司的协会。这个有着特别名字协会的作用是，发现未知的海路和现在依然没能到达的地区、国家和领地。赛巴斯提安·卡波特（公元 1472~1557 年）是英国的航海家，他的父亲约翰·卡波特发现了北美洲。赛巴斯提安被推选为公司的主管。现在连赛巴斯提安都已经是一个老人了，他的父亲早就已经去世了。距离赛巴斯提安最后一次踏上航船的甲板已经有了十多年。但是他并没有把少年时的梦想放弃，他想要找到前去香料之国的新道路。

赛巴斯提安居住在伦敦，他现在正站在家里的窗户前面。那是一个身材高大的老人，他的胸前挂着表链，他的头上戴着一顶黑色的帽子，与一把白胡子相映成趣。他穿着一件镶着毛皮的宽大的衣服。画家荷尔拜恩（公元 1497~1543 年）为他画了这样的一幅肖像。赛巴斯提安用一只手拿着圆规，用另外的一只手托着地球仪。他的眼睛凝视着前方，但是两条眉毛却皱起来了。他现在透过空间凝视的不是泰晤士河上川流不息的小船和货船，而是正在北冰洋上航行的舰队。

他曾经有一个时期十分确信可以从西北方向到达印度和中国，在途中需要经过他自己发现的纽芬兰岛。但是他没有成功。这一次他改变主意了，他要走东北路线。旅行用的船舶都是精心制作的，那是用坚固的放了很久的建筑木料做的。船上准备了足够他们 18 个月吃的粮食，还装备了用来抵御海盗的大炮。赛巴斯提安想要亲自率领这支船队，但是因为他的年纪，所以不得不放弃了。或许他没有放弃吧，他在自己的脑海之中跟随着船队前进。他不仅是跟随着船队前进，他的行程已经超越了他们。在那些船还没有起锚的时候，他就已经看到了前方的危险。那里是那么荒凉，不仅有着蛮族人，还有着恶劣的自然环境。前方等待着水手的是风暴、暗礁、冲突和毒箭。就算是航船很好，食物很多，装备也非常齐全，这仍然不能使赛巴斯提安放心。他认为需要给予他们更多的忠告，传授给他们更多的经验。

赛巴斯提安将他的经验都写在了纸上："第二十八节。当你们的船看到海边有人在捡取一些小东西的时候，不管那是石头、金子、金属或者其他一些什么，你们的船可以向前靠得近一些，仔细观察一下他们到底在拾什么。这时候你们可以有节奏地打击鼓或者一些其他的什么乐器，吸引他们的注意，引起那些人的想象，让他们想要看见你们，想要听到你们的声音。在做这些事情的时候你们一定要保持安静，不要流露任何的敌意和无情……第三十节。如果你们看到披着狮子皮或者熊皮的居民，他们拿着弓和箭，你们也不要害怕。是因为他们害怕外国人，才会带这些东西，而不是别的什么原因。"这是一本对于公司的船长们的行为进行指导的书，是赛巴斯提安·卡波特编著的，里面有他自己作为航海家的经验，这正说明他不想犯哥伦布那样的错误。

哥伦布只是找到了一些野人居住的岛屿，可是他自己却认为那里存在着富翁和有威势的君王。赛巴斯提安·卡波特能够冷静地看待事物，他可以接受失败，而不会为自己做出那些令人心情愉悦的假想。他清楚地知道，探险队将会经过很多野蛮荒凉的地方，他想要为旅途中可能出现的一切危险做出解答和预测。

在那本书的后记里，他希望这一次旅行能够取得很大的成就，希望带来很多的利益，要有比东印度和西印度给葡萄牙和西班牙王国带来的利益还要多。他为那些旅行家们祈求神的恩赐，然后在书的最后一页上签了名盖了章。

1553 年，这是英国国王爱德华六世登基后的第 7 年。5 月 11 日，船队在休·威罗比爵士的指挥之下沿着岸边启程出发了。在船队出海的时候，岸上聚集了成千上万的观众。宫廷里的人们在格林尼治宫的窗户里面向外面眺望，在塔楼上向外面眺望。船队的所有大炮一起发射，向国王致敬，山谷里也传来了震耳欲聋的炮声的回音。那些船上的水手们齐声呐喊，好像连天空都震动了。舰队使用了三艘船，分别是"美好希望号"、"美好信誉号"和"爱德华—美好事业号"。

在那之后的日子里，船队一直沿着海岸线向北行驶。逆风常常会阻碍着他们的前进，暴风雨也常常迫使他们将帆收起来。当他们行驶到了芬马克附近的时候，海上起了大风暴。那些波涛汹涌的浪涛使他们没有办法保持特定的航向，他们只能分道扬镳。"美好希望号"和"美好信誉号"漂流在冰块之间，就这样过了很久，才在一条河的河口的地方找到了避难所。休·威罗比爵士就在旗舰"美好希望号"上，他决定在这里过冬。他派了很多人出去寻找房屋，但是并没有找到住房，也没有找到人，这里荒无人烟。那么第三艘船，那艘"爱德华—美好事业号"又到了那里去了呢？

在船上的英国人克里蒙特·亚当斯是这样说的："那完全是神明的指引，我们进入了一个长达100英里，或者更大一些的海湾里面。我们进入了海湾深处，并且在那里抛了锚。我们在周围寻找到路，意外地发现远处有一只小渔船。船长昌塞罗尔[1]带了几个人到那条船那里去，想要与人交谈一下，打听这里到底是什么国度，居住着怎样的民族，有着什么样的生活方式。但是因为我们的长相和渔民不一样，而且我们的船也非常巨大，所以渔民立刻逃走了。"

之前的事情他们都是完全按照赛巴斯提安所教导的那样进行的。那么剩下的只有最后一条了，那就是击打乐器吸引那些人来到这里，吸引他们的好奇心。但是他们还没有寻找到鼓或者其他的什么乐器，就已经可以进行接下来的事情了。那些忠告是很好，可是也不能够拘泥于此，那些渔人把陌生人

1　昌塞罗尔，英国的航海家，在1553~1554年的时候，曾经到达了莫斯科。

▲ 伊凡四世·瓦西里耶维奇（1530 年 8 月 25 日 ~1584 年 3 月 18 日），又被称为伊凡雷帝，留里克王朝君主，俄国历史上的第一个沙皇。1533 年至 1547 年为莫斯科大公，1547 年至 1584 年为沙皇

来到这里的消息传遍了整个地区。于是载着当地居民的小船开始靠近这艘大船了，地方的领主也来了。

克里蒙特·亚当斯是这样写的："我们知道了这里叫做俄罗斯或者莫斯科，伊凡·瓦西里耶维奇[1] 统治着广袤的俄罗斯。"

当船长昌塞罗尔不断地进入这个国家内陆的时候，他就已经明白了这根本不是一个落后荒凉的地方，这里有着完整的文明和政权，这也根本不像那本指导书中预告的一样。昌塞罗尔是这样描述的："那里有整片的土地，上面都整整齐齐地种植着麦子。在每天清晨的时候，你都可以看到有七八百只载着麦子或者鱼的雪橇。莫斯科本身是非常大的，在我看来，它的整个城要比伦敦连同近郊在内还要大很多……"

在昌塞罗尔的俄罗斯之旅中，他看到了莫斯科有着由高墙围绕的漂亮城堡，城堡的里面有着九座壮丽的教堂。沙皇居住的宫殿很像古时候的英国建筑物。昌塞罗尔是为了找到黄金，才到那些未知的地方去的。他现在真的看到了很多的黄金，那是在一座宫殿里面，一座被叫做黄金宫的宫殿。在那座宫殿里的桌子和碗柜上面摆满了金制的食器。

然后他又跟随着侍从进入另外一座叫做膳宫的宫殿，那里是沙皇和贵族

---

1 伊凡·瓦西里耶维奇，莫斯科和全俄罗斯大公伊凡四世，1533~1584 年在位。他残酷多疑，被人们称为伊凡雷帝，1547 年亲政之后他被称为沙皇。

们吃饭的地方。虽然那里并不是黄金宫，但是里面也有着许多黄金。在那里存在着金制的大杯，也有一个很大的大金壶。有两个宫廷侍者站在碗柜前面，肩头搭着餐巾。在每个侍者的手中都托着一只镶嵌着珍珠和宝石的碗，那是给沙皇御用的餐具。不单单是给沙皇的食物被盛放在金器里面，所有人吃的食物都盛放在金制的容器之中。就算是那些伺候人的宫廷侍者也全部都穿着金色的衣服。沙皇的皇宫被来自外国的客人描述成了这个样子。

但是如果我们仅仅用一个旁观者的笔记来了解俄罗斯，那么我们知道有关它的事情还是很少的。想要详实地了解那个时候的俄罗斯，还需要俄罗斯本国人说的。在莫斯科的皇宫里出名的不仅仅是黄金。在黄金宫的四面墙壁之上还有着精美的壁画。门厅的 10 幅画中画着古代军事指挥官约书亚的战斗胜利。在《旧约全书》之中有《约书亚记》，讲的是在犹太人古代首领摩西死去之后，摩西的儿子约书亚率领以色列人越过约旦河征战的故事。这些壁画会让人想起沙皇打败游牧民族的岁月。

在宫殿的天花板上，我们可以看到天球和基督，在他的周围有一些裸体或者半裸体的像：排在一起的有智慧之神和愚昧之神，还有各种各样的自然现象，比如空气、火、风和四季。外国客人也在壁画上和拱顶上面看到了那些取材来自俄罗斯历史的绘画，还有那些从弗拉基米尔开始的许多大公的画像。

俄罗斯的书记官和波雅尔们都让自己尽力不去看那些画，因为那些画都是按照新法画的，是不按旧法，不照样子画的。从前，墙壁上只能画圣徒，而现在这里却有一个和基督并排画着的、一个态度轻率的、好像在跳舞一样的小女人，这都不是严格按照宗教的教义来进行的。这是按照书本上的内容来诠释的，是沙皇所信奉的违背神的学问。波雅尔们蓄着长长的大胡子，戴着高高的帽子，他们在悄悄地议论着因为世俗的书，让古代敬神的习惯遭受了多大的损害。

但这些话是不会被外国的客人听到的，他们在不断地称赞着沙皇，他们认为沙皇有着渊博的学问和出众的口才，那虽然是阿谀奉承，却也是真实的。

▲ 伊凡·费多罗夫铜像

伊凡雷帝是一个有着很高学问的人，他能够背诵出圣经书和教父著作里的很多片段。他在证实自己的话是对的时候，他还引用了犹太人、希腊人、罗马人、哥德人和法国人的历史里有教育意义的事例来说明。在他的信函里可以找得到那些《旧约全书》里的国王和英雄们的名字，比如大卫、所罗门[1]、约书亚和多神教的诸神和英雄们的名字，比如宙斯、阿波罗[2]、艾涅阿斯[3]。

人们按照沙皇的指令在莫斯科建立了一座印刷书籍的工厂，那座工厂被建立在尼古拉斯修道院和别洛博罗的宫之间。那里车床用的螺丝钉是熟练的印刷工人伊凡·费多罗夫亲自削制的，那些制作字母用的模子也是他本人亲自制作的，他还雕刻了那些装饰画和大写字母。印刷的文字究竟有多大的力量，沙皇知道得一清二楚。他希望人们可以获得更多的智慧，以此来巩固俄罗斯的统治。印刷厂周围还被建筑木材围绕着，波雅尔们乘车经过这里的时候，都会从心底里感到厌恶。

这些新兴事物是不会被王公和波雅尔们所喜欢的，就在以前的时候，每一个波雅尔在自己的领地上都是独立的君主。现在的沙皇是那么贪婪，他把一切权力都收拢在了自己的手里。那些俄罗斯王公的后裔们已经失去了在沙皇以前的特殊地位和巨大的权力。

1　所罗门，公元前10世纪的时候古代以色列王国的国王。
2　阿波罗，希腊神话里面的太阳神。
3　艾涅阿斯，古希腊神话之中的特洛伊英雄之一。

在很久之前，编年史的作者曾经详细地记录了俄罗斯王公们的团结。那些王公们的行为被人批判，是因为他们自身的斗争和内讧才让别人有了可乘之机，为俄罗斯引入外敌。但是现在，那些专横任性的世袭领地的所有者们被沙皇瓦西里耶维奇给控制住了，现在的俄罗斯只有一个领主，他就是沙皇。俄罗斯成了一个统一的坚强的国家。

波雅尔和王公们拥护着那些旧的封建割据制度，而在沙皇军队里服役的贵族和那些土地少的封建领主却拥护新的事物。在新事物和旧事物的交替之中，新的事物占据了上风。斗争不仅仅是流血的，是体力的，还有精神上的斗争。

沙皇在用笔进行斗争。我们回顾一下那个时期的书籍和信件吧。这里有些是伊凡·培列思维托福[1]的著作。这些东西还是在波雅尔们掌权的时候写的，那时候伊凡·瓦西里耶维奇还刚刚当上沙皇没有几年。培列思维托福是一个官吏，在他看来，波雅尔们是懒惰的，是依靠欺骗发财的。那些波雅尔们把贵族变成了自己的奴隶，这是令人愤慨的。他认为，如果一个王国里的人是被奴役的，那么王国里的人在和外族打仗的时候就不会勇敢，因为那些被奴役的人是没有羞耻感的，他们会这样想：反正我只是一个奴隶，就算是打仗赢了又能怎样，我终究只是一个奴隶。他认为，如果沙皇在整个国王里没有威望的话，就像是沙皇骑乘的马没有缰辔一样。

在那个时代里，《系谱》和《历代人名录》都是颂扬沙皇和沙皇权威的纪念碑。《系谱》的作者是受马卡里，他1526年起开始担任诺夫哥罗德大主教，在1542年起任莫斯科的总主教。他是最受沙皇亲近的一个人，在这本书里，按照人数，从弗拉基米尔·斯维雅托斯拉维奇开始到伊凡雷帝一共分了十七章。那是一个有着十七级的纪念碑。从弗拉基米尔数起，伊凡雷帝是第17位，所以他的像在纪念碑的最上面。而从罗立克[2]往下数起，他是第20位君主。《历

1　伊凡·培列思维托福，16世纪中叶的俄国著作家、政论家和贵族阶层的理论家。
2　罗立克，俄罗斯国家的第一个王朝，在公元10世纪的时候由基辅的大公伊戈尔创立。传说伊戈尔是罗立克的儿子。

代名人录》是一本为了赞美俄罗斯君主而写的书。在这本书里既存在历史事件的描述和对莫斯科君主们赞美的论文，又收录着由宫廷画家们所绘的各种小画像。

在同一时代，并不是只有这种赞美王权的著作。那些旧的贵族们依然可以发出属于自己的声音。在今天，我们可以看到当时沙皇和王公库尔伯斯基的来往书信。王公库尔伯斯基也有着高贵的出身，他不仅是雅罗斯拉夫王公们的后裔，他也是罗立克的后裔。对于目前这种全俄罗斯的权力都集中在沙皇一人手中的现状他感到非常不满。他背叛了俄罗斯，他和那些俄罗斯的敌人们搅在了一起来反对沙皇的独裁统治。他给沙皇写了一封信，来辩驳自己才是正确的，沙皇的独裁统治既残忍又凶恶。沙皇也同样回敬了他，沙皇给他的信足足有一本书那么多。库尔伯斯基是俄罗斯的叛徒，而自己作为沙皇，完全有权利去惩罚谁或者奖赏谁，只有自己才是俄罗斯唯一的君主。

沙皇的学识非常渊博，他的文笔也很好。但是他的敌人也不是普通的人。库尔伯斯基同样是一个受过严格教育的贵族，他也非常博学，曾经还翻译过西塞罗[1]的著作。这两个博学人的相互来往书信，就像两个战士在进行决斗。他们代表着两种不同的思想，库尔伯斯基代表的是旧事物，而伊凡·瓦西里耶维奇拥护的是新事物。历史在两者之间选择了新事物。

沙皇被称为雷帝，是因为他对外国人和波雅尔人的统治是严厉的。俄罗斯是一个土地宽广的国家，他和其他国家的国界并没有明显的标记。俄罗斯广宽延绵的土地，可以从瓦兰人[2]的领域一直前进到希腊人的领域。

现在，俄罗斯的国界变得分明了，在俄罗斯的南部是蒙古人地盘，而俄罗斯西方的国土被邻国侵占了。利沃尼亚[3]的骑士们在波罗的海沿岸放哨巡逻，

1　西塞罗，公元前106~前43年，是古罗马的政治家、雄辩家和哲学家。
2　瓦兰人，北欧的漂泊民族，相传俄罗斯初期的公爵就是瓦兰人。
3　利沃尼亚，公元1558~1583年期间，俄国人和利沃尼亚骑士团曾经因为争夺波罗的海的出海口而发生过战争。1561年俄国击败了利沃尼亚，获得了大片的领土，但是遭到了瑞典、丹麦、波兰和立陶宛的联合干涉，战争升级，俄国战败，被迫放弃了占领的领地。

而汉萨同盟的商人也阻止外国商人前往俄罗斯。伊凡雷帝想要在外国招募那些匠人，包括铁匠、医生和印刷工人等。但是他们的行程被汉萨同盟的商人给阻挠了，他们把那些工匠驱散了，甚至于把沙皇派遣到外国去招募工匠的使者都给扣押了。向西向东和向南的道路都被封闭了，俄罗斯想要同这个世界交流，就只能与蒙古人和利沃尼亚的骑士团进行战斗。俄罗斯的军队征服了喀山，他们占领了伏尔加，打通了

▲ 利沃尼亚骑士

从莫斯科前往远方的道路。沙皇在克里姆林的入口处建造了7座石头做的教堂，永久地立在那里，来纪念这次胜利，让这些教堂作为俄罗斯国家力量的永久证人立在那里。

技师波斯特尼克和巴尔马是被认为干这种工作的最适合的人，因此他们开始做这件事情。他们的上司给他们下达了命令，但是他们并没有打算遵守，因为向往艺术的心是不能够受到束缚的。他们是按照"神依照基地的大小所赐予的智慧"来干这件事情的。他们建造的不是7座教堂，而是9座，而且是在相同的一块地上建造的。这些教堂构成了一座巨大的寺院。寺庙中间塔的尖顶足足有47米高，而其他的8个小的尖塔围绕在它的周围。墙壁不断地出现，而工人的脚手架也随着它不断地增高。墙壁之间的距离越来越近，它们利用拱门来减少石头的压力，让石头拱的重量可以被均匀分摊而不会压坏墙壁。这是一座多么奇特的建筑物啊，在它的身体里蕴含着古代劳动人民的智慧。就算是我们现在的人要造一座这样的建筑物，也是需要用所有的力学

法则来计算建筑物的承重点。

那么波斯特尼克和巴尔马进行计算了吗？当然没有，答案是否定的。那个时候力学规律还没有普及，相对于各种复杂难解的计算而言，他们更信赖自己的目测和感觉。那时工匠的目测能力很厉害，就算是现代著名的工程师也没有那样精确的目测能力。建造这些教堂是艰巨的任务，但是他们不负众望，很好地完成了。这件作品到了现在还被人们所惊叹。

曾经有人在书中这样记载：那是多么令人惊叹的石头寺院啊！那里各式各样的横梁让人看得眼花缭乱，其实这仅仅是教堂的一部分罢了，而且对于整个教堂而言，这是非常微不足道的一部分。当你走到第二层的一个走廊中的时候，你会惊奇地发现水平的砖头砌成了天花板，人们不明白这是怎么一回事。圆拱顶怎么被托在上面？这是每个人都清楚的事情。墙壁是砖头从底下一块块地砌上去的，而在水平的天花板上它们怎么可能挂得住呢？这真是太奇怪了。有的人因为好奇偷偷地拆开了天花板查看，那里面有着一些铁条，是技师为了使它坚固而加进去的。这在现在是很常见的，但是在那时却是一件很伟大的创举，因为这种技术流行开来的时间要比教堂建造的时间晚300年。这种善于思考的熟练技师在俄罗斯还有很多。

在沙皇的领地上，在修道院里和城市里有很多大的铁匠铺。比如说建立在基里尔－别洛捷尔斯基修道院里的铁匠铺就有7个熔铁炉、7个风箱和7个铁砧。在那些制造大炮的工厂里，工匠们可以用老办法锻造大炮，有的时候也会使用生铁水来浇筑大炮。他们为大炮准备了圆形的光滑的铁制炮弹，他们还为火绳枪锻造和焊接铁条和铁环。想要完成这一切的工作也都需要知识。那些铁匠和炮匠能够清楚地分出各种金属的特性，他们都是非常优秀的物理学家和冶金学家，尽管他们没有在大学里面念过书。就算是那些晒盐场里熬制盐汁的大师傅也都像化学家一样知识渊博。还有许多人为军队制造火药，他们需要在各处采集那些云母、硫磺和铁矿来制造火药。那些探矿的人也非常博学，他们可以在沼泽地里面探寻出沼泽矿石的新矿床。

整个人类的族群都在同自然作着斗争，广袤的领域正在渐渐地由不羁变为温顺。然而这个领域是这样的宽广，需要号召全体俄罗斯人民一起投入这项伟大的事业中去。本来缺少的匠人和工具都可以从西方获得的，但是西方的路被利沃尼亚骑士团给挡住了，只有北方，在德维纳河口的霍耳莫哥雷地区还有一条缝隙可以同外界交往。

从那里，俄罗斯人可以乘着船舶前往挪威。现在有些客人从英国到达了俄罗斯，他们也是沿着这条道路进来的。从英国出发的那三艘船，只有一艘平安到达了俄罗斯，至于其他的两艘船去了哪里，没有人知道。直到1555年，那两艘船才在摩尔曼斯克沿岸被发现，船上只剩下用于做交易的货物，而船上的水手们都死去了。这些英国人只是航海的专家，他们并没有北极探险的经验，他们死在了北方寒冷的冰天雪地之中。而"美好事业号"却躲过了全军覆灭的厄运，他们的船从德维纳河口离开了海洋，进入俄罗斯。理查德作为英国国王爱德华的使节乘坐小船到达霍耳莫哥雷。

理查德·昌塞罗尔对沙皇说自己是英国国王的使节，得到了俄国沙皇赐予他们的土地和府邸。沙皇鼓励外国来的使者同俄罗斯国家进行贸易往来，或者说现在的俄罗斯也迫切地需要这样的贸易。那座沙皇赐给英国人的府邸就坐落在莫斯科的马克西姆－伊斯波维德尼克教堂的旁边。从这条道路发现之后每年都会有英国的船只驶入德维纳河口。昌塞罗尔回到了英国后又前往莫斯科旅行过一次。回到英国的时候，他带着一名叫约瑟夫·涅帕的俄罗斯使节前往。不幸的是在途中"美好事业号"发生了海难，昌塞罗尔死去了。俄罗斯的使节很艰难地逃出了那次危险，是英国女王玛丽派那些商船前去寻找他，他被人送到了伦敦，受到了热情的招待。

此时，"美好希望号"和"美好信誉号"依然停留在摩尔曼斯克，那里离着俄罗斯的修道院并不是很远。英国派遣了船长和水手来带它们回国，但是这两艘船终究没有回到英国，因为它们已经在北极的严冬之中闲置了太久了，沉没在了回国的路上。

广袤的地域

　　俄罗斯人的足迹遍布了亚欧大陆，不论是东方还是西方。但是在那个时候，人们对于俄罗斯在东方的国土西伯利亚并不是非常了解。

　　在口口相传之中，他们知道了在乌拉尔山的另一面住着九种奇怪的人。有嘴巴长在脑门上；还有没有头颅，眼睛长在胸脯上的人。他们是吃人的有毛人。这些怪物很多人都认为他们是存在的，我们在希罗多德的《历史》里可以看到，在叙述马其顿的亚历山大事迹的故事中也可以看到，在一些描述

◀ 瓦西里升天大教堂位于俄罗斯首都莫斯科市中心的红场南端，紧傍克里姆林宫。由俄罗斯建筑师巴尔马和波斯特尼克根据沙皇和伊凡大公的命令主持修建，于 1560 年建成

还没有人类时的书里也会发现这些奇怪动物的存在。这些怪物好像是一直都存在的，就好像它们不会灭亡。当它们觉得已经无法在地球上生活下去的时候，就会搬到火星上面去。

历史上有许多空白的时光，就像地图上面有许多未知的地区一样，这些空白和未知都让传说给占领了。就好像那张16世纪的外国旅行家绘制的俄罗斯地图一样。那张地图的东西两部分简直就是两个世界。在地图的西半部分，那些教堂和城市的图标多如牛毛；而在东半部分，却都被那些小神话填满了。就好像是两个不同的世界一样，一个是人类文明，而另一个更多的是奇幻的色彩。好比人们对乌拉尔山另一边的鄂毕河的注解一样。

西方的人们认为，那里有一个叫做金婆的神明，她是一个手抱小孩的妇女形象，那些尤哥尔人和鄂毕多尔人都非常尊敬她。那些祭司们会询问她一些事情，她也都作出了回答，而且事情在不久之后就真的灵验了。而他们认为在哈萨克斯坦的草原上有许多像人、骆驼或者马羊的岩石，那些岩石都是由真正的生物变化而来的。它们本来是一群放牧羊群和马群的人，但是不知道发生了什么奇怪的事情，让他们变成了今天的这个样子。他们还对变化的时间作出了推断，认为那些事情发生在三百年前。从鄂毕河往东就全部是神话填补的地图了。仅仅是神话而已，人们不知道那边有什么山，又有什么河。

在那个时候的欧洲人的心目中，鄂毕河就是世界的东面边界了。要想走到鄂毕河那里，旅行者们需要穿过黑暗的森林，还要在冰冷的大河上航行很久。有很多人都想去西伯利亚，但是旅途却并不太平。在他们往东方的路上走，会有蒙古人在途中等着伏击他们。或许一个几百人的大商队最后只有几十个人能够平安回来。

但是这样依然不能让人们放弃前往东方的决心。那些幸运的、勇敢的人带回来了极大的回报。有着成捆的黑貂皮和貂鼠皮，有着海象牙，还有卡马河另一边的银子和装饰品。那种装饰品来自遥远的"玉尔坚奇"国，它们的做工十分精美，用的材料也非常珍贵。布哈拉的商人们运着这些罕见的精致的东西去阿尔泰和西伯利亚，他们想要换到自己需要的毛皮。西伯利亚的猎人们收下了这些精致的小东西，然后这些小东西又从猎人的手里流到了向奥斯切克人[1]和佛古尔人[2]收取税赋的莫斯科官员手中。

俄罗斯人的生活范围慢慢地向东扩展着。越来越多的商人们在卡马河和它的主流上面建立城市和城镇。许多哥克萨人离开了自己生活的区域，前往神秘的东方。这样做的农夫还是很多的，因为那个时候的他们有着非常沉重的税负压力，他们不仅要向沙皇缴纳租税，还要向地主交租。沙皇收取的税赋越来越多，因为他需要大笔的钱来装备他的军队，来维持他的内政的正常进行。沙皇为那些贵族们分封了领地。领地的主人并不是宽容的，他们在自己的领地上面征收各种苛捐杂税，很多农夫都被逼得破产了。那些贵族会要求舍弃这块领地，来调换一块新的领地。

除了和沙皇合作的贵族之外，还有许多反对沙皇独裁统治的波雅尔们。沙皇对他们可没有什么耐心，常常会派侍卫去镇压波雅尔们的暴动，而他们世袭领地上面的农夫也会跟着一同倒霉。那些长着庄稼的田地都被踏平了，那些本就不结实的房子也被彻底毁坏了。强大的国家并不是赞美就会出现的，人们要为此做出自己的努力。

农夫们身负着非常多的赋税，多到让他们难以忍受。因此他们舍弃了自己的田地，他们偷偷地溜到草原和森林当中去，变成自由的人。他们之中有的以打鱼和捕猎来维持生计，但是还有一部分人成了强盗。那些成为强盗的人对别人进行抢掠，不仅抢劫蒙古人的村庄，还会抢劫俄罗斯人的商队。

一般来说，这些成为土匪的人是不会得到赦免的，但是有时候也会有例外，这些归顺的哥萨克人会投入沙皇的军队之中，保卫俄罗斯不会被蒙古人

---

1 奥斯切克人是居住在鄂毕河和额尔齐斯河流域的民族。
2 佛古尔人是居住在西伯利亚秋明州的民族。

侵犯。他们会保护卡马河流域的城市不被蒙古人侵犯，有的时候还会袭击蒙古和尤哥尔人生活的区域。在这个时候，额尔齐斯和托波尔已经建立起了城市，伊凡雷帝把自己的名字叫做"全西伯利亚的皇帝"[1]。其实这个时候，西伯利亚还不属于俄罗斯。

叶尔马克·齐莫菲维奇带领了一小批哥萨克人前去征服西伯利亚。他们只是乘坐了几只小船前往遥远的敌人的土地，这是要有多大的勇气和毅力的啊。现在西伯利亚的草原上有着长长的火车轨道，当那些火车上面的旅客望着车窗外的西伯利亚的景色的时候，会有很多人想起叶尔马克这个谜团一样的人物吧！他只是用着那么一小股队伍，就好像大洋之中的一滴海水一样，他竟然征服了大洋。西伯利亚的自然环境非常恶劣，那里有着齐腰深的雪，还有凛冽的寒风。哥萨克人不仅要抵御恶劣的自然环境，还要抵御那些要比自己队伍多十倍的蒙古人的反抗。幸运的是俄罗斯人的武器比较先进一些，他们使用的是新式的火器。在那些蒙

▲ 叶尔马克·齐莫菲叶维奇·奥莱宁，（公元？~1584 年）远征西伯利亚的俄罗斯哥萨克首领

古人眼中，这就像神迹一样神奇。那些敌人只要轻轻地扣动那件小小的武器上面的零件，就会像天空打雷一样发出巨大的声响，而且有那种看不到的能够伤人的箭。

叶尔马克和他的亲兵们沿着河流前进，他们需要时时刻刻防备着，因为那些蒙古人不知道在什么时候就会突然之间窜出来。哥萨克人感到非常困扰，

---

1 全西伯利亚的皇帝，公元 1563 年，伊凡雷帝侵占了西伯利亚的首都西伯尔，自称为"全西伯利亚皇帝"，并且阻止了哥萨克远征军，在叶尔马克的带领之下开始了向西伯利亚的扩张。

他们距离自己的故乡也越来越远了。叶尔马克感到非常无助，他把哥萨克伙伴们叫到一起商议："现在到了秋天了，河水马上就要结冰了，我们又能够逃到哪里去呢？敌人那么多，我们还是继续前进吧！最起码那样我们还有忠义勇武的名声，如果我们回去了，我们就是可耻的，我们就对我们作下的承诺食言了。如果我们能够在神明的帮助下获得了成功，那么我们将会被人们永远纪念。"于是这些离开了家乡的哥萨克人决定继续前进。

俄罗斯人不断地向前走，他们攻占了一座又一座蒙古人的城镇。在那些土地上流下过许多血，有俄罗斯人的，有蒙古人的，还有奥斯切克人的和佛古尔人的血。哥萨克人终于来到了蒙古人主要的防御堡垒之下，库成汗亲自带领着他们的军队驻扎到那里，他们把防御工事建筑在了额尔齐斯河的高岸上。俄罗斯人渡过了额尔齐斯河，他们直接冲到了蒙古人的要塞下面。在这次的战斗中他们损失了100多人，这真的是一个很大的数字，因为他们一共才只有几百人而已。他们终于拿下了要塞，可惜的是库成汗逃走了。

▲ 叶尔马克征服西伯利亚

俄罗斯人也并不是白白牺牲的,他们获得了大量的金银财宝和很多名贵的皮毛。西伯利亚的统治者由库成汗变成了叶尔马克,但是叶尔马克本身也只是沙皇的代言人而已。他立刻派出了自己的朋友伊凡·科尔措前往莫斯科,要把西伯利亚的统治权进献给沙皇。但是因为离莫斯科实在是太远了,在叶尔马克派出的使者还没有到达沙皇面前的时候就已经有人把"叶尔马克匪帮"在统治西伯利亚的消息上报沙皇了。在波雅尔们的眼中,那些为俄罗斯打下了领地的英雄们不过是一些盗匪而已,他们并不是什么顺民,他们是有罪的,败坏了千百年来遗留下来的规矩,去过着放任的游牧生活。沙皇果然听信了那些人的传言,他给斯特罗加诺夫写了一封信,信里面有着他傲慢的怒气,也就在这个时候,叶尔马克的使者来到了这里。

使者受到了沙皇的接见,而且沙皇还给叶尔马克赐了自己的衣服,并且派遣地方官吏前去管理西伯利亚的地方政务。这种政务上的接洽是非常必要的。叶尔马克在西伯利亚并不是非常安逸的,他时刻面临着危险,因为蒙古人常常袭击他的亲兵。终于蒙古人得到了这样的一个机会,几乎所有的哥萨克人都被杀尽了,只剩下叶尔马克一个人。他也没有能够活下来,他穿着沉重的甲胄想要渡河,却被那些甲胄带到了河底,叶尔马克就这样死去了。但是在此时已经有许许多多支的队伍出发了,他们沿着第一支队伍走过的道路向东行进。在他们前进的路上有着冬天的暴风雪,也有夏天的酷暑,还有着人们不能穿越的密林和像流沙一样难以渡过的苔原和流冰。

什么都不能够阻挠这些队伍的前进,即使有这么多的艰险,他们依然不屈不挠地向着太平洋和北冰洋前进。为了沙皇的统一大业,许许多多的民族都遭受到了巨大的苦难,战争打破了他们平静的生活。那些西伯利亚人就好像生活在几个世纪之前一样,那些北方的猎人还不认识铁,他们还继续使用石头制造箭头。俄罗斯的统一促进了西伯利亚地区各个民族的发展。

终于,西伯利亚和莫斯科联合在一起了,他们都是属于沙皇,属于俄罗斯国家的。这里更像是一片未经开垦的处女地,他们在这里建立城市,开垦草原。为了加强莫斯科和西伯利亚的联系，他们在黑暗的密林里面开辟道路，在江河上修建桥梁。《大图册》这本书里面记载着所有可以通向莫斯科的道路，而现在又多了两条道路，是从莫斯科通向秋明和托波尔斯克的道路。对于现在的俄罗斯人来说，鄂毕河已经不再是世界的边缘了。克里姆林宫里面，人们在绘制俄罗斯的地图。那是多么辽阔的土地啊！从北冰洋一直到里海，从咸海到德涅斯特河都是俄罗斯的领域。王子用笔在地图上指点江山，他已经将思想放飞到很远的地方去了，飞到乌拉尔山的另一面或者是鄂毕河的另一边去了，也许他现在已经想到了西伯利亚的那些森林和草原。

世界的地图就是这样被绘制出来了，被来自莫斯科、伦敦、马德里和里本斯的人共同绘制出来了。

第05章

·记录历史的新方法·

　　到了现在，河流已经不是人们进行交流的主要纽带了，现在的舞台已经变成了海洋。城市与城市被海洋分隔开了。但是他们依然进行着斗争，他们在争夺着海路。每当人们有了新的发现的时候就会带来新的腥风血雨，因为这些新鲜的事物总会给人们带来更多的财富，所以战争是不可避免的。

那些远去的 历史

海洋一直存在，但是它的归属却不能确定，一直在不同的种族和国家之间流转。希腊人和波斯人的船队沉没过；罗马人和迦太基人的鲜血染红过大海。海洋不仅仅分开了各个民族的活动范围，它还让这些被分开的地域联系着。那些沿海的城市，它们各处的语言和风俗，习惯和信仰都模糊了界限。精巧的器物随着轮船在海洋上飘荡，它们的身上还寄托着艺术的灵魂。那些科学家们四处旅行，研究了各种类型的文明，在他们搜集整理的过程中逐渐产生出了一种新的文明，现在人们更加想要挑战大洋。

如同以前人们对海的统治权不能确定一样，大洋的统治权和它背后所蕴含的财富同样让人心生觊觎。那些航行在海洋上的船队在广袤的大海上很难相遇，但是隶属于不同势力的船队一旦相遇就一定要打上一仗。他们也有平和的时候，他们为大洋彼岸那些不同文化的民族带去了不同的风俗和语言。

那些原本生活在刚果河流域的人们忽然之间被转移到了密西西比河流域。生长在欧洲本土的主要的农作物是小麦，千百年来都是如此，但是现在我们还可以在它的身旁发现马铃薯的身影，这是一种来自美洲的植物。可可、烟草和玉蜀黍都是印第安人的词语，但是现在它们已经成功地融入了欧洲的语言之中。烟草可以提神，但是以前谁也没见过，而现在却常常可以在港口里看到叼着烟卷吞云吐雾的商人和水手。客人们可以在巴黎的咖啡店里面品尝到来自墨西哥的巧克力，不过令人惊奇的是店员竟然会用胡椒来对它调味。欧洲的马匹也来到了美洲，但是它们不像它们的祖先那样优雅拘束，而是自由地在草原上吃着草。在美洲的大地上本来是不存在这些马匹的，那些印第安的土著人见到马匹就像是看到了怪物一样。

就在不久之前，大陆之间还是被大洋分隔着。但是现在那些大陆之间却有着更多的联系了。在美洲的土地之上，那些风俗和语言，习惯和民族都奇异地混合在了一起，就好像古代的亚历山大里亚一样，有着各种肤色的人种和来自各地的不同口音。历史的河流又向前流动了一截。

还记得在远古的时候，人们还在河边寻找自己需要的器物来制作石刀石矛，那时候的人们还不知道什么是刀耕火种，他们以打猎为生。而在几千年后，人们已经学会了制作独木舟。他们的足迹已经可以不必局限在自己的氏族部落，他们可以航行到其他的部落去，和他们交换自己制造的陶器。到了现在，河流已经不是人们进行交流的主要纽带了，现在的舞台已经变成了海洋。城市与城市被海洋分隔开了。但是他们依然进行着斗争，他们在争夺着海路。每当人们有了新的发现的时候就会带来新的腥风血雨，因为这些新鲜的事物总会给人们带来更多的财富，所以战争是不可避免的。人们会向往着更多的发现，因此哥伦布的船队开始横渡大西洋，俄罗斯的队伍也向着太平洋前进。

在人还没有制作出像飞鸟一样能够在天空之中自由航行的机器时，人们仍然活在争夺海洋的时代。在几个世纪之后，人们才开始争夺领空的控制权，因为它更为快捷方便。

变化巨大的世界

在许久之前，人们过着像桃花源里一样的日子。他们从不轻易离开自己的领地和家乡，他们安于自己现在的生活，并不好奇有什么事情发生在别人的生活之中。但是现在那种安定已经消失了，人们不再习惯待在一个地方一直不动，他们开始远行了。

那些装满了货物的马车行驶在皇家大道上，道路并不平整，四轮马车在车辙里摇摇晃晃，左右颠簸着。给马车套上六匹马并不是因为气派，而是因为马车实在是太重了。甚至当马车陷入了泥坑的时候还要去寻找额外的马匹

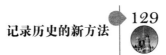

才能够将它拉出来。但是在有些地方已经开始出现了碎石路。那种新式的道路不会像以前的道路那样泥泞难走，而是平坦了许多。

奔驰的马背之上载着赶路的人。商人们也都骑在马背上，上面还有他们带着的少量但是多样的货物的样品。那时候的信使们也都是骑着马赶路的，马匹为他们承载着书信和包裹。现在书信已经非常常见了，那些邮递员前来送信的时候人们已经习以为常地接受了。商人们通过信件相互交流，他们可以知道这个时候别的城市里的物价，也可以知道现在别处发生的事情。而这种情况在之前人们是不敢想象的，他们只是过自己的小日子。自从有了信使后，信息的流通是那么便捷，甚至是一个小城市的人都可以知道西班牙国王扣留了荷兰的船，乃至担心这会不会使香料的价格因此而有所起伏。

在旅馆中有许多来自各处的旅人。他们在一起围着篝火烧烤肉食，在一起举杯畅饮。那些刚刚进来的人站在壁炉前面取暖，他们的马靴上面布满尘土。在道路旁边，那些柱子上面挂着金色的狮子或者白马。无论是学识渊博的人还是一个白丁都能够看得懂这些招牌。城镇里面的招牌还有很多，那些理发匠和面包师也都挂起了自己的招牌。超级市场的雏形也出现了，就是那种杂货铺。杂货铺里面有着各种各样的货物，你可以买到针线，可以买到衣服，也可以买到食品和五金制品。

那些真正有钱的大商人是不会把这些杂货铺店主看在眼里的，他们有许许多多的钱币，那些金钱对于富有的他们来说仅仅是一个数字罢了。那些会计为他们记录钱财的进出，记录在那些分量很重的总账簿和流水账簿里面。或许之前的时候，人们仅仅是得到了货物再转手卖出去就可以了。他们可以简单地记录一下，要是不认识字的话，就算不记也不会搞错的。但是时代已经变了，在世人眼中，如果一个人不识字，那么他就不可能是一个商人。因为他们交易的货物数额实在是太大了，而且那些货物也来自很遥远的地方。你难道可以用一万道竖条来记录那些来自亚洲或者美洲的贵重货物的数量吗？

在本书的开始所述的那个时代里，只有那些神甫，那些僧侣，那些信奉宗教的人才会读写。但是现在，不管你是信奉宗教的人，或者是一个无神论者都可以看书了。现在的书已经不是以前的那种昂贵的手抄本了，有一种新的机器可以用来印刷书籍。那是谷登堡[1]发明的机器，解放了抄书工人的双手，可以一次印刷很多本书。手抄本之所以昂贵，还有另外一个原因，那就是羊皮纸的造价太高。如今，由于大规模生产书籍的需要，人们开始使用便宜的纸张，这种纸张是用树木做的。

书店的大门上面贴满了印的新书的首页，好让前来买书的顾客知道自己到底买了一本什么样的书。在书店里面，几乎所有种类的书籍都是畅销的。不管是古希腊古罗马作家的著作，还是描述海外各国风俗人情的小札，都是读者们喜欢的类型。当人们读到了《巨人传》里的故事的时候都哈哈笑了。《巨人传》是法国人文主义作家拉伯雷所写的长篇小说，用民间的故事作为蓝本，讽刺了封建制度，揭露了教会的黑暗。这本书反映了当时文艺复兴时期资产阶级个性解放的要求。在这本书里面，无论是有学问的神学硕士还是那些正统的骑士们都受到了人们的嘲笑。那些骑士只知道吃吃喝喝，或者整天想着打架。而那些神学硕士们整天做研究，但是他们到

▲ 拉伯雷，文艺复兴时期法国最杰出的人文主义作家之一。出身律师家庭，早年在修道院接受教育，后来以行医为业，16世纪30年代开始转向文学创作。他通晓医学、天文、地理、数学、哲学、神学、音乐、植物、建筑、法律、教育等多种学科和希腊文、拉丁文、希伯莱文等多种文字，堪称"人文主义巨人"。拉伯雷的主要著作是长篇小说《巨人传》

---

1 谷登堡是德国人，他是欧洲活字印刷书的发明者，极大地促进了欧洲文化的发展。

▲ 《巨人传》的插图

底在研究什么辩驳什么，连他们自己也不能明白。

神学硕士奥尔图音·格拉齐亚曾经收到过一些攻击的信件。其实那些信件是很有趣的，后来被整理成了一本叫做《愚昧落后人们的信》的书。他是一个顽固的神学博士，人们都说他是新事物的敌人。在那些写给他的信之中，他的朋友们说自己愚昧无知，而被他本人杯弓蛇影地误以为是在嘲笑他。如果我们可以看完这一整本书的话，就会发现最后一封信来自天堂，那是他已经去世的老朋友寄给他的。那个死人对奥尔图音并不客气，他直接将奥尔图音和他的追随者们称为"有学问的驴子"。看过这本书，你才能够知道，并不是那些写信的人愚昧无知，而是把这些信写给那些愚昧无知的人。那些落后的人并不承认自己的愚昧，他们被气得发疯，要烧掉这些书。正因为他们的固执坚持，他们又一次取得了成功。这些书在教堂门口的广场上被烧掉了。但是这书并不是印一本两本的，怎么可能烧掉所有的书呢？要知道印这样一版书要有几千本呀！人们把那些没有被烧掉的书在私底下相互传递着，离那些反对者的统治区域远一些。

人们想要学习那些新的事物，而不是继续按照神学硕士的教授和祖辈们的习惯来生活。世界已经发生了巨大的变化。当权者们所使用的规则和这个社会已经发生了冲突，这些规则应该被改变了。但是这些规则本身并不想发生变化。

第06章

·多如牛毛的反对者·

如果有某些空谈的人，本身并没有什么学识，却故意地用《圣经》中的某些句子断章取义地来反对我的著作的话，我是不会予以理睬的，因为他们是那么无知。人总不能老是对牛弹琴，我只会深深地蔑视那些无知而又不思进取的人。

一本书的诞生

我们所讲述的故事是真实的，但是主角却不是固定的。我们事情发生的场景也常常从这一座城市转移到另一座城市或者在国家之间变换。这一次的主角又会是谁呢？

▲ 英勇好战的条顿人

波罗的海沿岸被浓雾笼罩着。在平坦的平原上，海湾被沙滩和海隔开，这里有一个地方是波兰市镇弗劳恩堡。城堡在高岗之上，那些有许多层顶阁的有红色屋顶的尖顶房子像要求得到保护似的挤向城堡。城堡的墙厚而坚固，高塔耸立在城堡的每一个角落上面，就像警卫一样，向四面眺望着。这里曾经被条顿族[1]的骑士一次又一次地袭击过，他们毁坏了居民的居所和赖以生存的土地，但是他们终究没能够攻下城堡。

虽然说这里是城堡，可是这里终究要比普通的城堡大得多。城堡里面可以看到教堂的塔尖高耸入云。教堂的钟声洪亮而厚重，每当它被敲响的时候都会飘得很远很远。这里有着漂亮的花园小道，就在那白色的墙壁后面。当

---

1 条顿族属于日耳曼人，有时候也常用条顿族来代表日耳曼人。

那里满是树荫的时候，可以看到穿着大袖子长袍，带着镶毛皮边帽子的人们在那里散步。平常人们不会这样穿衣服的，只有僧侣才会这样打扮自己。这里是一座修道院吗？但是这些穿着僧侣衣服的人却不像僧侣一样虔诚地信仰，他们之中的许多人甚至都不去做弥撒，而是雇佣一个神甫来代替自己前往。他们的收入来自广大的附属地，来自从农村征收来的税收和地租。这些人只是天主教的僧侣，但是他们生活得就像贵族骑士一样滋润。他们的首领瓦尔米斯基主教拥有极大的权势。这些牧师和僧侣们就像贵族守护君主一样守护着主教，一起构成他的牧师会。

在这座叫做弗劳恩堡的城市之中，并不是所有的人都好吃懒做，不务农桑。在这座城市里也有勤劳的人。有一个老人住在城堡的西北角塔上，每当夜晚天气晴朗的时候，他就会到城墙上去观察星象。老人并不是只是看看而已，他还带着工具前来。他的手中拿着一个奇怪的就像尺制成的三角板一样的器具。他把那个奇怪的仪器安在架子上，倚着栏杆，仔细地打量着天空。他和这些星星是那么熟悉，就像老朋友一样。他和星星打招呼，星星一闪一闪的调皮地对他说晚安。那件他带过来的奇怪的器具有一根尺子是用一个圆筒做成的，因为为了瞄准星星，他要从筒子里面观察它们，从筒的一端望向筒的另一端。他用这个仪器瞄准了火星，那是一个发着红光的星星，像蒙了纱的红宝石的颜色一样温煦。他用灯照着仪器，看到那上面的刻度，记了下来。行星的高度就是这样被测定的。

在这个夜空常有阴霾的北方，能有这样一个晴朗的夜空，老人很高兴。这让他想起了少年时代刚开始学习星象的时候，那是在意大利，那里的天空教会了他如何认识这些闪耀的可爱的小精灵。他的老师是占星学家多米尼加·德·诺瓦拉[1]，那时候他正在做着一件非常艰巨的工作。多米尼加在编写日历和占星图，他想要预告日月食，想要确定吉日和凶日。但是这仅仅是他的工作而不是值得他全身心付出的事业，因为他需要获得这些报酬来维持自

---

1 多米尼加·德·诺瓦拉，意大利著名的数学家和天文学家。

▲ 观察星星的哥白尼

己的生活。这些事情已经过去了许多年了。

老人紧了紧衣襟，回到了屋子里。桌子上静静地躺着一本手写的书。那是非常大的一本书，是老人付诸了心血的一本书，他就像喜欢自己的孩子一样喜爱着它。这个孩子已经不年轻了，已经诞生了30多年了。罗马诗人贺拉斯曾经这样说过："在第9年上，你就出版吧。"但是现在这本书依然只是躺在作者的桌子上，而时间已经过去了差不多有四个九年了 [1]。老人一页一页地翻看这本书，在写书名的扉页上面，用拉丁文写着：托伦的尼可拉·哥白尼著，天体运行论六卷。老人一页一页地仔细翻看着，尽管他已经看了许许多多遍了。

这本书的内容真是让人吃惊，它竟然说地球是个球形的东西。对于现在的我们来说，地球是个圆球不过是常识，可是对于那个时代的人来说，地球是球形的是一件很奇怪的事情，只能够存在于神话之中。和哥白尼处于同时代的哲学家拉克坦喜阿斯是这样辩驳他的："只有疯子才会相信我们生活在一个圆球之上，难道在地面的那一边，花草树木的根都是向上生长的吗？这是多么稀奇的事情啊，人的脚竟然会比头高。"哥白尼曾经在《天体运行论》的原序之中提到过拉克坦喜阿斯，他说："拉克坦喜阿斯是一个颇有名望的作家，但是他并不是一个数学家。他用这样孩童一般的口气来谈论地球的形状，甚至是嘲笑地球的形状。当以后如果有人也这样嘲笑我的话，支持我的你们

1　哥白尼曾经在《天体运行论》中提到他的朋友敦促他出版这本"在储藏室里面搁置了不止一个九年，而是四个九年时间的作品"。他之所以这样说是因为贺拉斯曾经说过作品要搁置九年才能够问世。

也不要感到奇怪。拉克坦喜阿斯是信仰基督教的教士，在修辞学和雄辩术方面有着很高的造诣，但是他毕竟不懂得科学。他虽然无知，却这样理直气壮地嘲笑别人，却使他自己让别人觉得好笑。"

哥白尼感到很悲伤。这都已经过了多少个世纪了，这样因循守旧的人还没有消失。只要是他自己不能够想明白，那别人就算想要开导他也没有什么办法。在那些人的眼中，地球是不动的，地球是整个世界的中心。当他们看到了这张图表之后会怎样想呢？在这张图表之上太阳占据了世界中央的宝座，对这些行星来说，太阳就是它们的帝王。而我们认为，最重要最中间的地球仅仅是六个行星之中的一个，它只是沿着金星和火星之间的固定的轨道前进。那些自诩正统的人只会把这些当作荒谬的幻想。哥白尼把那些反对的人丢到了脑后，现在的他正在全神贯注地注视着那张图表。

这是一张天体位置图，他要比之前采用的在亚里士多德和托勒密时代就用的那一张位置图更加符合现实情况。完全不需要使用很多的圆圈来解释行星的逆行。每一个学过数学的人看了这张图表都能够立刻明白。那些神秘的天文现象也都变得很好解释了，

▲ 日心说的太阳系示意图

比如说火星有时会变大有时会变小，那是因为它有的时候会接近地球，有的时候又会远离地球。这是多么协调自然的天体关系啊！拥有它可以解决许多天文学家之前并不了解的谜题。在这张图表没有出现的时候，他们甚至于不能够计算出一年的长短来，他们也不能够编写出一本勉强可用的日历。那些人在制作星图的时候只是用一种完全不动的平面图，他们有的时候用这个，有的时候又用那个，给这些星星们牵强附会地加上了一系列的故事，把它们

拼成了奇奇怪怪的怪物。水手们想要从星图里面获得正确的道路，但是这些星图却只能让他们迷路。到了终结这种现象的时候了。

哥白尼看着自己花费了一生的经历写成的手稿。为了整理出这本手稿，他有多少个日日夜夜都沉迷在思考的海洋里。这真的是一件非常困难的事情，因为他要做的事情是反对所有人的认知的。这本书还没有被出版，仅仅在有一些关于它的消息流传的时候，就已经引来了很多人的憎恶。那些人要求统治者对这本书的作者进行惩处。这本书当中所记载的内容是多么胆大妄为啊！地球怎么可能是围绕着太阳运动的呢？在圣经之中，约书亚曾经要求过让太阳停下来，而不是让地球不动。这些反对者都在热切地期盼着这本书的问世，因为这样他们就可以判这本书的罪了。但是哥白尼还是决定晚一些日子再出版。因为这本书本身也是有一些支持者的，虽然并没有很多的人，但是这些支持者都是接受过教育的人。

在哥白尼年轻的时候，他常常和那些意大利的科学家们进行交流。他们讨论的话题是宗教所禁止的。那个时候信仰宗教的人们要遵守很多的教义，他们思想僵化。有的时候哥白尼就会想，为什么这些科学家们可以对这些现象怀疑，而信教的人却不能去怀疑呢？那些有意义的讨论只能够关上门来进行，那是绝对不能够被写下来的，因为宗教裁判官们就像猎狗一样无时无刻不在搜集着其他人的反动言论。

但是思想却是无论如何也不会被禁止住的，只要撒下了种子，就会像植物一样茂密生长。如果没有那些和意大利科学家们的谈话，或许这本书还不会出现呢！哥白尼静静地把书合上，小心地放好。他拿起蜡烛，走到书架旁边，从密密麻麻的书中取下了维吉尔的诗集，开始阅读了起来。他需要用那些优美的诗句来让自己激昂澎湃的内心变得重归平静。

获得了 新 的支持者

时光似水，岁月如梭。不管地球上的人们到底发生着怎样的变化，时间都在不停地流逝着。地球在一圈圈地绕着太阳运动，时间也过去了一年又一年，但是在整个地球上依然只有极少数人知道这件事情。那部已经写好了并且存放了多年的手稿依然静静地被存放着，作者想要等待一个稍微好一些的时机再来出版这本书。但是等待并不一定会让人心想事成，事实上，局面越来越糟糕了。

有一个叫做河西乌斯博士的人来到了弗劳恩堡，那是一个狂热的喜欢寻找异端的人，他想要打击一切的不符合教义的东西。他总是盯着哥白尼的行动，并且把这些事情都禀报给了主教。年轻的僧侣们都远远地躲开了哥白尼，他们不敢和哥白尼说话，因为一点点的接触就可能会引发嫌疑。阴影慢慢地的向着哥白尼弥散过来了。他唯一的一个天主教僧侣朋友在不久之前因为被控告为不敬神而被驱逐了。这个年老的天文学家几乎都不离开他自己的住处了，因为他的年纪已经太大了。曾经有一个他的远亲在这里照顾他，那个勤劳的女人已经在这里帮他打理事务多年了，但是那个女人也不得不离开这里，因为哥白尼被告知天主教僧侣的家里面是不能有女人存在的。

其实那真的是一种残酷的惩罚。那些天主教的统治者并不会禁止他什么，也不会命令他什么，他们只是用那种伪善的面孔对他进行关怀和开导。但是他觉得自己越来越孤独了，他的心或许马上就要死去了。

在这时候忽然之间发生了一件事情，让他那趋于冷寂的心灵恢复了之前的勇气。那是一个名叫乔治·约西姆·雷提卡斯的年轻数学教授，他来到了哥白尼的家里面，要求阅读他的书稿。他是那样迫切地想得知这本书里面的内容，都等不及书籍的出版了。哥白尼的心就这样一下子活了过来。雷提卡斯教授被这本书的内容吸引了，他一页一页地阅读着。你可以在他的身上发现两种不同的感觉，有那种阅读的宁静和那种求知的热诚。他被这本书的内容感动了，他劝说哥白尼一定要尽快把这本书印出来，这本书需要马上面世，需要被更多的人知道。他说，如果亚里士多德能够看到这本书，也会因此而产生感悟的。既然它是如此迫切地被需要，那么就不应该把它藏起来。

这个时候的哥白尼还是不能够决断的，他说："要不然我们先印刷那一张图表来试试看吧！如果我们印刷出了这样的一张图表，说不定会给现在的天文学家们一些新的启示，或许有人能够发现和想出新的结构也说不定。"这个年轻的数学教授并不赞同哥白尼的话，他想立刻开始斗争，一刻也不能耽搁了。

▲《天体运行论》内文图

于是在不久之后，一本小书悄悄地出现在了书店里面。在那本小书的扉页上面写着："这是一个大学中研究数学的大学生所编著的第一个故事，在这里面有最有学问的人、最卓越的数学家、托伦的最可尊敬的尼古拉博士瓦尔米斯基的牧师会会员的天体运行论一书。"那个研究数学的大学生是谁呢？他就是哥白尼的新朋友雷提卡斯教授。他的那本小书就好像是一本预告册一样，向全世界预告将会有一本伟大的著作在不久的将来出版。

雷提卡斯的心中被热情充盈着，他现在是哥白尼的先驱，他在那一群愚昧的妒忌的只会搞阴谋的人中间为他的老师开辟道路。那些把持着社会的当权者，有许多人只会诵读经典，他们害怕新事物的出现，因为他们害怕那些新事物把他们赖以立身的旧的学问系统推翻，那样的话他们就无法在这个世界上继续生存下去了。

雷提卡斯充满热情地加入到反对那些守旧的人们的群体里面，他告诉那些人："一个真正的哲学家需要有自己能够独立思考的理智。不是天文学家为天象制定了规则，而是天界现象让天文学家成长。如果托勒密本人也活在当下的世界里面，他也一定不会再相信自己制定的那个天体体系了。"

同旧势力斗争的 书

哥白尼的书稿终于要发行了。那里面有着很多很多的计算论据和图表，这些论据和图表一起支持着书稿，让它不是那么容易就被反驳攻讦成功。纽伦堡城里的印刷工人们已经在等待着它的到来了。哥白尼终于下定决心要把书稿印出来了，他要让自己的"孩子"去保卫真理，去打击无知。难道现在是最好的时机吗？

现在当然不是最好的时机，但是又有什么办法呢？哥白尼的身体已经不能够让他再等待一个更好的时机了，他还能够在这个世界上活多少年呢？他希望在自己离开这个世界之前可以看到这本书的发行。或许这些书会被焚毁，会被撕掉，但是只要有一本能够被世人保存下来，他就很满足了。

在这本书还没有进入普通民众的面前的时候，它就已经感受到了极大地阻挠。这本书的编者劝导哥白尼在书籍之中加入一些什么东西，一些什么神学的东西，好让那些神学家稍微安心。但是哥白尼拒绝了这种劝告，这完全不是能够妥协的事情，如果真的有了什么附加的内容，那么就代表着这一切全部都被抹杀了，哥白尼不能够容许这样的事情发生。

西欧的基督教并不是铁板一块，他们分成敌对的两方。一方的首领是教皇，而另一方是马丁·路德[1]，他领导了反对教皇的运动。路德毫不客气地批判那些因循守旧的天主教神学家，但是新的学说传到了他的耳边的时候，他也没有表示赞成。

"哥白尼真是个傻瓜。"路德这样说。哥白尼心里想，如果把这本书交给教皇怎么样呢？路德是反对了这本书的，那么教皇会不会因为这个原因来保护它呢？如果教皇也不愿意保护它，那么就算了。教皇对它进行裁决也比瓦尔米斯基主教来做它的裁判官要好得多。

哥白尼这样为教皇写献词：

> 最神圣的教父啊！现在有些人一听到我的书里存在着地球运动这样的主张，就会想要因此而判我的罪。我的这本书完成了很长时间了，但是我并没有想要把它出版，因为我害怕别人会对我存在异样的目光，但是我的朋友们却都劝说我把它出版了，许多别的学者和著名的学士也都这样说。他们说我不能够因为自己的思想不同就感觉到困惑，而是要为了数学家们的共同利益来出版这本书。您大概还会质疑我为什么会想到地球是运动的吧！在这个时候，所有的数学家都相信地球是不动的，我一个人的智慧在挑战整个人类的认知……

哥白尼接着在信中提及他为何做出"地球在运动"这一结论的理由，以此来辩驳众多数学家们一直坚信的所谓"地球不动"的真理。他希望教皇能够不要相信那些反对者的挑拨离间。虽然教皇大人本身是很公正的，但是三人成虎，反对者有着巨大的势力，那些因循守旧的人一定会在教皇面前告他一状。"如果有某些空谈的人，本身并没有什么学识，却故意地用《圣经》中的某些句子断章取义地来反对我的著作的话，我是不会予以理睬的，因为

---

1 马丁·路德是十六世纪德国宗教改革运动的发起者，他多次发表主张否定教皇的权威，但是他本人并不支持中下层的贵族和农民进行起义。

他们是那么无知，人总不能老是对牛弹琴，我只会深深地蔑视那些无知而又不思进取的人。"

岁月就这样流逝着，度过了严寒的冬天就会迎来新的春暖花开。虽然弗劳恩堡的夜空有了越来越多的晴朗的时候，但是哥白尼已经不再前往城墙之上观星了，他生了病，孤独地躺在狭窄的床铺之上。他的书架上不仅有着关于天文学的书，还有着医学方面的书。在之前他精力旺盛的时候，他常常去高塔之下的城郊看他的病人。他从来不求回报，甚至有的时候会在桌子上放下一些珍贵药材制成的药丸，有的时候还会留下一些钱帮助他们改善生活。

但是现在他已经年老了，只有自己一个人孤独地躺在床上，没有谁过来照顾他。他对自己的身体状况非常清楚，自己已经没有多少时间好活了。他在床上躺着的时候会特别仔细地倾听每一个声响，倾听楼梯上的脚步声。在他的脑海里常常会想象出这样的一幅画面：房门被打开了，门外是他年轻的朋友，手里拿着一本厚厚的大书。但是时间一点点地飞走了，他所期盼的景象却始终没有发生。他自己知道或许已经等不到那本书了。在他临死之前的几个小时里面，那本书终于被送了过来，他已经没有力气来打开这本书了。这也许是一件幸运的事情，如果他打开了这本书，就会发现这本书的里面被加了一篇序文，那是编者加的东西，编者干了哥白尼不想干的事情。

哥白尼的年轻朋友却看到了那篇序文。有了序文之后的书变得似是而非，变得更加让人难以理解。或许有人可以读完这本书，那么它会让人变得更加糊涂。年轻的朋友非常生气，但是他对这样的局面也无可奈何，因为书已经出版了，而且已经在书店里面开始出售了。

哥白尼的朋友与敌人都开始阅读这本书。果然不出他所料，有着多如牛毛的敌人。路德的拥护者美兰克吞教授说这完全是一派胡言，印刷这种书就是对礼仪的破坏，只能给世上的人坏的影响。他说每个人的眼睛都是证人，眼睛看到了天空在24小时绕着地球转动。

但是这本书同样有着为数不少的拥护者，在他们看来这本书就是为他们而写，因此他们一点也不吝惜自己的赞美和掌声。丹麦著名的天文学家第谷甚至写了一首诗来对哥白尼表示敬意。第谷有一座非常大的叫做乌拉尼亚堡的观象台，这是被他用缪斯神乌拉尼亚[1]的名字命名的。在这里，我们可以发现许许多多精密的仪器，但是哥白尼只有云杉木条做成的简单仪器。在他死后，这个

▲ 第谷

仪器被他的友人交给了第谷。第谷不仅仅是一个天文学家，他还是一个著名的诗人，他在诗歌之中歌颂了云杉，哥白尼就是靠着这些云杉木条才让自己的思想到达了星空之上。

哥白尼的生活就这样结束了，但是一个人生活的结束或许会是另一个人生活的开始。

1　缪斯神乌拉尼亚，在希腊神话之中一共有九位缪斯神，乌拉尼亚是主管天文的缪斯神。

第07章

·爱书的少年·

　　勇敢地去做吧，别管那些什么古代的论据了，去找那些真实的论证吧！让世界上所有的人都知道，类似太阳一样的恒星还有许许多多，打开门，让他们看到更加广阔和辽远的世界。

受哥白尼的 书 影响的青年僧侣

哥白尼在 1543 年逝世了，就在同一年，他的书籍也出版了。虽然哥白尼在坟墓里面安息了，但是他的书作却开始周游列国。或许会有人对它表示欢迎，或许会有人对它嗤之以鼻，但是绝对不会有人对它视若无睹漠不关心。它还是和从前一样的，记录的依然是那些内容。可是那些看书的人却不再像以前一样了，当他们翻开了这本书的时候，他们就已经发生了变化。对于很多人来说，这本书是危险的，但是它却好像有一种吸引人的魔力，它会自动地飞到人们手中，就好像宿命一般。它把那些沉睡的人唤醒，把那些大胆的异端的思想带给那些思想保守的人。人们可以自由地去思考而不是在教会规则的束缚之下思考。这是一种很愉悦的体会，但是想要获得它却需要付出许许多多。

有一个居住在离那不勒斯不远的小镇上的青年神甫得到了一本哥白尼的书。这个名叫乔尔丹诺·布鲁诺的神甫收藏了许许多多的书，那些书籍摆满了他僧房中的书架，还有一些被他放到了隐秘的地方，不让其他人发现。如果有谁认真地搜索一下布鲁诺的藏书，他不仅可以找到亚里士多德的著作，还可以发现自由思想家卢克莱修的长篇诗《物性论》。卢克莱修（公元前 99~ 前 55 年）是古罗马的唯物主

▲ 乔尔丹诺·布鲁诺（Giordano Bruno）是举世闻名的文艺复兴时期的思想家，作为思想自由的象征，他鼓励了 19 世纪欧洲的自由运动，成为西方思想史上的重要人物之一

义哲学家和诗人。他在著作《物性论》中用诗歌的形式解释了原子论。亚里士多德的著作是教会所承认的，但是《物性论》却弥漫着一股异端的气味。和托马斯·阿奎那的 18 本巨著摆在一起的是一本"有害"小书《愚人颂》，那是一个名叫伊拉斯谟的人所著，他是文艺复兴时期尼德兰人文主义者。伊拉斯谟（公元 469~1536 年）在荷兰鹿特丹出生。他曾经担任过神甫和坎布雷主教秘书。他在自己著名的作品《愚人颂》之中揭露了封建统治的罪恶和教会对人民的愚弄，对经院哲学和宗教偏见进行了抨击。

或许人们还会在布鲁诺的被褥之下或者地板下面的什么地方里有意外的发现，那里应该会有布鲁诺自己的笔记本。翻开其中的第一本，真正信仰基督教的人就会因为其中的内容愤怒得面红耳赤。那里面摘抄着诗歌《灯》，对话《诺亚方舟》[1]。这些诗和对话都在嘲笑着神圣是多么无知，而虔诚又是多么愚笨，那些美德之下掩藏的是败坏的德行。这竟然是一个信奉多米尼克教团的僧侣所写的东西。既然信奉这样的宗教，那么又为什么要写这些东西呢？

▲ 青年时代的布鲁诺

他是一个思想极为开放的年轻人，但是为什么他会是一个代表着顽固守旧的僧侣呢？那时候他还是一个少年，他还只有 14 岁，他就是在那时进入了圣多米尼克修道院的。在世人的眼中，宗教最激烈的拥护者就是多米尼克教团里面的僧侣。他们是对异端打击的拥护者，是"神圣的宗教裁判所"的成员。

---

1 《诺亚方舟》，诺亚也被翻译成挪亚，他是犹太教、基督教圣经神话里洪水灭世之后新人类的始祖。上帝在降下洪水之前曾经命令诺亚造方舟，全家一起进入避难，使他们躲过了灾祸。

在他们的旗帜上面有一个在火炬之中燃烧着的狗头（多米尼克教派自称为"主的猎狗"，多米尼克是音译），他们就像那些灵敏的猎犬一样四处搜寻异端的踪迹。但是不可否认的是，他们是僧侣之中最为博学的人，他们可以在错综复杂的论文之中寻找到异端的思想。在本书之前提到过的"天使般的博士"托马斯·阿奎那就是他们教团之中的人，他有一本很有名流传很广的著作——《神学大全》。许许多多的多米尼克教团的僧侣们都学习过这本书，就是这本书教会了他们如何去判断，怎样才算是异端。

布鲁诺在 14 岁的时候就进入了这个著名的修道院，托马斯·阿奎那曾经在这个名为圣多米尼克的修道院里面任教。布鲁诺是一个喜欢读书的孩子，因此他常常会在藏书丰富的修道院图书馆里面待着，因为在那里可以一心一意的看书。他那时候还只是一个一心追求科学的孩子。他总认为自己可以在修道院里面找寻到他自己想要追求的东西。科学就一直在这里，它是被卡西奥多勒斯带到这里来的，然后它就一直留在了这里。它以为自己可以在这里获得尊重，但是它错了。它原本是缪斯神的宠儿，但是在这里却受不到应有的尊重。它不是什么公主，只是神学的女仆而已，它的存在就是为了为神学服务。人是不会比神明强大的，那些人要求它向神明低头，如果它一直拒绝的话，那么它就会被当作异端烧掉。

现在布鲁诺来到了这里，成为了一个僧侣。他是战士兼诗人的儿子，但是他还是来到了这里，只是因为科学的缘故。他喜欢科学，他想要通过科学见到更多更广阔的世界。他希望通过科学见到那些平时都见不到的现象和事物。在这个堆满了书籍的修道院里，就隐藏着科学的身影。布鲁诺渐渐地读了越来越多的书籍，他需要爬的书架越来越高，他在梯子的最上头摸到了一本书。这本书似乎已经在这里很久了，上面满是灰尘，没有人动过它。布鲁诺在书架上爬行的过程就是他对整个世界了解的过程。希腊的哲学家们引导着他在哲人的路上前进，让他的眼界越来越宽阔。而之后，阿拉伯人和犹太人又来教导他。阿维洛伊曾经说过这个世界是永远存在的，就好像是一片落叶会枯黄，一棵树木会干枯，但是要让整片森林都死亡却不是那么容易。每一个人都会死亡，但是整个人类却不会灭绝。

布鲁诺在研究那些天主教会里面教父们的著作。但是在他阅读过那些希腊的智慧之后，他越来越觉得这些教会之中充满了黑暗。他感觉到自己越来越迷茫，科学的思想和对教会的虔诚就像是两个不知疲倦的战士在他的心中不停地斗争。这些教会的著作让他看得很压抑。他终于决定暂时放弃托马斯·阿奎那的著作，继续沉溺在古代学者的著作之中。他继续去看亚里士多德的著作，却再也找不到以前那种感觉了，他现在再回过头去看那些书，只觉得都已经变成了教会思想的白骨僵尸，完全丧失了以前那种灵动的血肉。亚里士多德说过："地在水中，水在空气中。空气在火里，火在天上，而天空包含万物，却没有什么东西可以包得下它。"这种学说在布鲁诺看来是多么的狭隘啊！

在地球的外面有着那些闪闪发光的星星，而在星星的外面却是什么都不存在的。布鲁诺越来越触及了教会为他规划的世界的边缘，他已经感觉到了窒息。他是为了追求科学才到这里来的，但是现在科学本身也已经被禁锢了。布鲁诺越来越觉得自己虚弱，他可以看到那些数着念珠的手，可以看到那些同色的僧侣们的僧衣，却看不到天空的颜色。他觉得自己和周围的一切格格不入，周围的人都已经开始怀疑他了。有的人前去报告修道院的院长，说布鲁诺嘲笑圣母七桩喜悦的书。而另一个神甫说布鲁诺的房间里只有基督受刑像，其他的神像都被他搬了出来。

布鲁诺被人监视了，因为他们怀疑布鲁诺是一个异端。他们在不停地搜集支持这种怀疑的证据，因此暂时还没有对他采取什么行动。在规定日期他做神甫的时候，他要到修道院的外面去为新生儿洗礼，把圣餐施舍给那些濒临死亡的人。每当这个时候，他就会离开修道院，去那不勒斯结识科学家，去想方设法搞到那些已经被教会禁止的书籍。哥白尼的书籍就是这样落入他的手中的。他非常高兴，就好像自己又重新活过来了一样，教会为他的世界强加的那些围墙也已经消失了。

爱书的少年

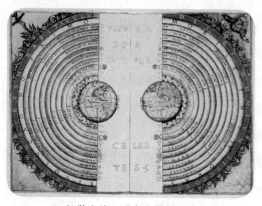
▲ 托勒密地心说宇宙模型示意图

布鲁诺的面前摆着哥白尼绘制的那一张图表，他正沉迷在其中，行星围绕着中间的太阳，在距离它很远的地方有恒星圈。这个世界被哥白尼扩大了，但是他也仅仅扩大到了这里，他以为这样就没有了，因为亚里士多德曾经这样教导过。但是还有其他人有着别的想法的啊！德谟克利特、伊壁鸠鲁和卢克莱修都曾经说过这个世界是没有尽头的啊！布鲁诺觉得他可以做些什么，为这个并不完善的世界，这是他存在的意义。

他对自己说：勇敢地去做吧，别管那些什么古代的论据了，去找那些真实的论证吧！让世界上所有的人都知道，类似太阳一样的恒星还有许许多多，打开门，让他们看到更加广阔和辽远的世界。这个世界再也不会有围墙的存在了，修道院里面也可以看到天空了，周围是无边无际的空间，存在着无数的恒星，哪里都是。在这些恒星周围也有着围绕着它们的恒星，那些行星的上面也会有着别的生物。就如同我们不知道它们的存在一样，它们也不知道我们。这里的星星真的是太多了，让人眼花缭乱。现在他已经不能够辨识出自己的家乡了。地球只是一个普普通通的行星，它并没有什么特殊的光芒，就如同别的行星一样在宇宙之中闪烁着。

那么人类呢？对于这个世界而言，人类的形体是多么渺小，甚至可以忽略不计。但是人类的思想和认知却是无限的，它们大到可以将整个世界放入自己的理性之中。布鲁诺非常地激动，他可以感觉到自己的思想正在不断地充实。在宏观方面，他看得到恒星，而在微观方面，他看得到原子，他的思想在自由地翱翔。

整个世界都在反对他

　　虽然他的思想已经很广阔很辽远了，但是他思想的载体终究是他的身体，那个在地球上的那不勒斯修道院的僧房里面年轻僧侣的身体。他的思想在自由地徜徉的时候，一些锐利的眼睛在监视着他的行为。那些人在日复一日地监视着他，收集着他的罪状，足足有 130 条。他违反了神圣的天主教教义，而且有 130 次。他从那不勒斯逃走了，逃到了罗马，他想要寻求保护。但是有人告密了，说在他的僧房之中找到了鹿特丹的伊拉斯谟的书籍。于是他只能够隐藏起自己僧侣的身份，戴上帽子披上斗篷，用神秘来伪装自己。

　　这种世俗的衣服比僧侣的服装更适合他。配上了佩剑之后的他就好像是一个优雅的王子，敢于和那些凶恶的势力作斗争。他逃到了港口，乘坐着船离开了。他开始了流浪的生活，在各个不同的城市和国家之间流浪。

　　这个世界对于人类并不是想象之中的那样坦诚，最起码布鲁诺就觉得自己遭受到了欺骗。日内瓦的宗教和罗马的并不一样，但是这里也不会比罗马光明多少，他们信仰的是金钱，有钱的人要比穷人神气得多。布鲁诺从这里生活的居民眼中看到了过去的那种熟悉的压抑感。城里有着特别的公务人员，他们注视着居民的一举一动，他们监视每个人的生活。如果谁的生活中出现了过失或者没有规律，他们就会规劝那些人，让他们去教堂反省自己的行为。每个区里面都有这样的人，居民的行为只要和平日里有那么一点些许的不同之处，就会受到他们的关注。

　　表面上看起来这里是一个充满了自由空气的地方，但是还有塞尔维特[1]这样渴望自由的人窒息在了这里。西班牙医生塞尔维特也想在这里寻求帮助，

　　1　塞尔维特，文艺复兴时期西班牙的医生，他在血液循环方面有着突出的成就，但是他最后被加尔文教派杀死了。

藏身瑞士以求躲过宗教裁判所的监视。他是一个非常有名的医学家，他在人类的身体里面发现了血液循环的秘密。他把那个秘密写成书籍之后被日内瓦的伪君子判为异端，处以火刑。他们是那么残忍，塞尔维特连安静地死都不能拥有。他先被放在了篝火上烤了两个小时，才被真正地行刑。这个社会就是这样疯狂，布鲁诺为了保全自己也应该保持沉默。

　　但是他只要看到那些身穿代表文化的硕士服但什么也不会的人，他就不能压制自己的怒火，他会大声地说：他是冒牌货，他一点也不懂得科学。布鲁诺不久之后就在日内瓦写了一本小册子，揭露日内瓦冒牌学者的不学无术。

▲ 希鲁诺关尔天体位置关系的木刻图

于是他被关进了日内瓦的监狱。但是没有多久他就被释放出来了。他要前往图卢兹向大学生们讲述科学女神的魅力了。那些大学生是那么好学，每天天不亮的时候，他们就兴冲冲地前往教室了。他们就像是充满斗志的士兵，那些手中的学习工具是他们向愚昧开战的武器。这些大学生更喜欢听那些年轻老师的课程，那会有趣得多，而不像那些年老的教授，每年的课程都是那个样子。在这个新老师讲课的时候，学生们总是勤劳地记着笔记，他们几乎都跟不上老师思想的跳跃。布鲁诺的思想是那么辽阔，整个世界都像一幅画卷一样展开在他的面前。

柏拉图和亚里士多德的思想几乎已经成为真理了，但是现在布鲁诺却来怀疑他们，而且也让人来怀疑他们。这几千年后，柏拉图的继承者们和德谟克利特的继承者们之间的争斗又重新开始了。柏拉图的书被完整地保存下来了，它受到了那些旧势力的保护，因为柏拉图也相信这个世界是神明创造的，品德良好的人会在死后得到奖赏。

但德谟克利特确实是无神论的信奉者，他的书只剩下了偶然被别的作者记述在自己著作里面的点点片段。不论是多神教徒和基督教徒们都焚烧德谟克利特的书。但是今天，德谟克利特又活了过来，他的思想在继续和柏拉图的思想斗争。

布鲁诺离开了这里，他要前往巴黎了。在巴黎，那些标明了胡格诺派[1]异端的房子上还有用粉笔画的十字架。现在这里的人们已经重新做起了买卖。很多人都曾经被打死在了这座桥上，然后被直接扔到了河水里面。那是正统的胜利，他们不容许异端的存在。1572 年 8 月 23~24 日的这一夜，有3000 多名胡格诺教徒被天主教徒打死了。而皮埃尔·德·拉·拉美[2]在这里

1　胡格诺派，16~17 世纪的法国新教徒的称呼，也称加尔文派。这一派的人主要是由反对国王专制、企图夺取天主教会地产的新教封建显贵和地方上的中小贵族，以及那些资产阶级和手工业者组成。在 1572 年 8 月 24 日的圣巴托罗缪节的时候，巴黎天主教派曾经大举屠杀胡格诺派，发生了圣巴托罗缪惨案。

2　皮埃尔·德·拉·拉美，也叫累马斯，是法国的哲学家。

被暗杀了。开始的时候，布鲁诺反对亚里士多德的那些书被教会和官方给烧毁了，到了后来，连这些书的作者也被杀害了。

幸福也曾光顾过布鲁诺，人们把他举荐给了国王。国王被他的智慧迷住了，任命布鲁诺成为教授，甚至布鲁诺可以不去做弥撒。布鲁诺原本可以享有这样的生活，但是他拒绝了。因为他是科学界的武士，他要去反对那些不尊重科学的人，他要去打击那些不学无术的人。但是他终究是势单力薄的，他自己无论如何都斗不过那些人。于是他又离开了，前往牛津。他去挑战那些在牛津有名望的人。布鲁诺找到了30个论据，向牛津最有名望的教授农第纽斯博士发起了攻击。农第纽斯博士失败了，但是他的表现却让人惊诧。他和那些他的同僚们嘴里吐出了下流的粗鲁的脏话。辩论会结束了，布鲁诺取得了胜利，但是他却被人们驱逐了。他实在是太渊博了，那些人恼羞成怒让他离开。

世界在不断地扩大，但是人们的认知不能够一下子就随之扩大。现在他也不知道自己可以到哪里去了。他从一个关卡走到另一个关卡，全世界被分成了那么多的敌对的公国、城市和教派。布鲁诺已经不属于任何一个教派了，所有的人都认为他是异端。他看到了无边无际的宇宙，但是现在他在这个地球上都快要生活不下去了。人类是那么伟大，但是现在他身边的人却像敌对的种族一样相互残害。

他不愿意变得那样平庸，那些得到了更多的人总不愿意再过回以前的生活。布鲁诺走过了很多地方，也看过了很多的世情，但是无论在哪里，他都可以发现那些伪君子的身影，他们想要让历史的马车停住。既然在哪里都是一样的，那么为什么不回到故乡呢？于是布鲁诺又回意大利了，在他看来还是自己的祖国更好一些，就算是要死亡了，自己的国家也比别处好。

他从来没有忘记意大利，但是意大利也没有忘记他，那些多米尼克教团的僧侣们一直在思考该怎么样才能够将迷途的兄弟引导到自己的这一边来。

于是他们设计了一个圈套，引诱他前去。教团里寻关系找到了一个威尼斯的贵族青年，让他热情地邀请布鲁诺前去他的家里，给他提供一切他需要的那些供他研究的东西。这是非常吸引他的，于是他兴冲冲地前去了，自然也就落入了圈套之中。

勇者的结局

布鲁诺并没有能够在祖国的天空之下自由地呼吸多久，他被关押在了监狱之中。他再也看不见天空，他被两只手反绑着去受审问。在高台上坐着一群以宗教裁判为首的裁判官。他望着下面想要劝导回归"正途"的教父和神甫们，心里想，假如这个世界上不存在这些人该多好。

就和以前一样，先是并不严厉的审问，接着就是拷问。在宗教裁判所里面有着各种可以使人招供的手段，甚至还能让异教徒招出那些自己从来都没有想过的事情。他们知道对肉体的折磨也可以摧毁人的意志，他们有着各种各样的手段和方法。他们把犯人用绳子绑起来，把棍子插入绳子之间，让犯人招供，如果犯人拒绝了，他们就会转动绳子，让绳子越来越紧地勒紧进入犯人的身体，或许一次不会成功，那就继续转下去，10次20次之后会有着不同的效果。他们还有其他的手段。他们拿水灌进犯人的喉咙里面去，告诉犯人："即使你会因此而死，那也是活该。"他们还会用烧红的铁来烧犯人的脸，因为这些人拒不承认，所以不能对其客气。那些用在犯人身上的刑罚就好像是那些宗教裁判官们的娱乐。布鲁诺也受到了这样的拷问。

8个星期的时间已经过了，他不再是年轻的强壮的了，他被他们折磨得奄奄一息，几乎快要崩溃快要死掉了。可是他依然没有改变。罗马的宗教裁判官们不想放过他，他们从威尼斯的宗教裁判官手里把他要走了，然后又继续折磨了他6年。他们更因此而感到高兴，因为眼前的这个人是不同的啊，他是那么地渊博那么地聪明，让这些残忍的人格外地兴奋。

　　没有哪个哲学家可以在学术上打败布鲁诺，那么就让他自己去和自己斗争，那样不是很好嘛？让他自己去践踏他所钟爱的科学，让他自己去反驳他的学说。但是他们没有成功，布鲁诺不可能因为任何的刑罚而放弃自己内心坚持的科学。有许多次，布鲁诺已经到了自己忍受的极限了，但是他对自己说："你不要放弃，不要失去勇气。你珍贵的事业不允许你退却。"

　　▲ 宗教裁判官们终于失去了耐心，他们对布鲁诺进行了最后一次的判决，并宣判对他实行火刑

走廊里传来了脚步声，那是一个年老的僧侣，是多米尼克教团的教团长。他劝说布鲁诺放弃自己的谬见，承认自己是一个异端。但是布鲁诺依然如同之前一样拒绝了，他说："我并没有什么可以放弃的东西，而且我的心也不允许我放弃。"

那些宗教裁判官们终于失去了耐心，他们对布鲁诺进行了最后一次的判决。他们说："把布鲁诺神甫交到世俗政权的手里去吧，让他们尽可能温厚地不流血地对待他。"布鲁诺清楚地知道这种温厚代表着什么，那些温厚能够让健康的人变成残废，让活着的人被烧死。他站了起来，眼睛里有着蔑视的光芒，他说："你们读判决书时候的恐惧比我怀着的恐惧还要大。"他知道自己就要死了，但是他并不害怕，因为他这是在为科学献身。虽然他自己会死去，但是科学却会活着。就算这些人能够对他判处死刑，但是终究有一天，他们会被历史灭亡，这些黑暗和愚昧都会被灭亡。虽然布鲁诺马上就要死了，但是和这些旧势力作战的人却会层出不穷地出现。

伽利略[1]已经准备了新的论据来保卫科学，他说："德谟克利特的结论要比亚里士多德的好得多。"就在不久之后，就会有那些能干的工匠做出显微镜和望远镜了。到那时，人们将亲眼看到在之前只有思考才能够得到的东西。

布鲁诺要被烧死了。那是在 1600 年的 2 月 7 日。鲜花广场上足足汇聚了几十万的罗马人，因为那里将会有一个非常著名的异端被处以火刑。人们还将会见到教皇本人和 50 个红衣大主教，那时还有从各地赶来的朝圣者，他们就像是在举行盛大的教会节日一样。不仅是广场上、大街上，人山人海挤满了人，就连屋顶上都是人。以前，罗马人喜欢看人们怎么烧死基督教徒，而现在被绑在火刑架上的却是真理的使者。布鲁诺自己走上了行刑处。他祖国的人还是那么愚昧，他们不知道这个即将被烧死的人是多么伟大。他的头上戴着一顶尖帽子，穿着长衫，上面还被胡乱画着有尾巴的恶魔和地狱的火舌。这一切的装扮都是他们那些所谓正统安排的，因为他们

1　伽利略，意大利著名的物理学家和天文学家。

▲ 布鲁诺被押往刑场

想让布鲁诺看起来更加滑稽可笑。但是人们看到他那双注视着远方的双眼的时候，人们沉默了。人群之中有人小声的说："他应该是高兴的吧，他马上就要飞到那个他想象的世界中去了。"这是一句玩笑话，但是并没有多少人附和。布鲁诺镇静地走上了柴薪，刽子手把他捆在了柱子上，只留下了两个小洞露出眼睛。柴薪被点燃了，火苗被微风吹得更加旺了，火已经烧着了他的衣服，并且顺着往上跑了。站在旁边的僧侣渴望感受到布鲁诺的痛苦，他的痛苦会让他们热血沸腾。但是他们失望了，布鲁诺没有发出任何声音。

他并没有失去意识，他只是在自己竭力地克制。正如他曾经写过的那些话那样："我曾经为了成功而勇敢地奋斗过，而且我坚信胜利是可以达到的。但是我心有余而力不足……我毕竟有过让人称赞的品质，那种不畏死的精神。每当后代的人提起我的时候，也可以说：'他比任何人都要刚毅'。而且认为，'为了真理而斗争是人生最大的乐趣'。"

结束语

布鲁诺就这样离开了我们，但是他知道，他的死亡并没有代表人类的结束，所以他才这样不畏死地迎接了挑战。在其他类型的书中总要交代一下主人公最后有着怎样的结局，但是这本书却不能够做到，因为这本书讲述的是整个人类，人类依然存在，那么无所谓结局。我们曾经沿着历史走过了一个又一个的城市，从米利都到雅典，又到了亚历山大里亚，我们去过罗马，去过拜占庭，去过基辅、巴黎和伦敦，我们去过莫斯科，又沿着新世界的沿岸重新回到了罗马。

泰勒斯、德谟克利特、亚里士多德、阿基米德、卢克莱修和马克·波罗做过我们的主人公，还有阿法纳西·尼吉丁和哥伦布，叶尔马克和哥白尼、布鲁诺也做过我们的主人公。我们并不能一一细数所有的人的名字，因为在这个历史上曾经创造文化和正在创造文化的人有很多很多。在新科学刚开始出现在这个世界的时候，科学家并不被人们所看好，他们的观点和学说被扣以异端的帽子。伽利略在拿着显微镜和放大镜研究世界。他既是物理学家、天文学家又是发明家，他发明了温度计和天文望远镜，是近代实验物理学的开拓者，被誉为"近代科学之父"。他是为维护真理而进行不屈不挠斗争的科学战士。他的天文学发现以及他的天文学著作明显地体现出了哥白尼日心说的观点。1616 年开始，伽利略开始受到罗马宗教裁判所长达 20 多年的残酷迫害。

我们更喜欢去谈论那些古代各民族的事情。每一个民族都是伟大的，他们有着自己辉煌的时期。在这套书当中我们只是蜻蜓点水般地接触了意大利的文艺复兴，却没有详细地列举那些为文艺复兴、为这个世界做出了巨大贡献的科学家。在我们的书籍当中，美洲不过刚刚被发现，它还有着美好的未来。

伟大的俄罗斯人已经走上了民族舞台，他们同本国恶劣的自然环境进行斗争，他们努力地开拓那无边无际的辽阔疆域。我们也还没有讲到那些著名的为俄罗斯做出了巨大贡献的人。

在这本书里面，有着许许多多不同的名字，他们各自代表着不同的命运，那是时间河流之中的闪光点。每一个民族的历史都汇聚在时间的河流之中，才还原了它真实的现象。我们虽然把故事停在了这个时候，但是时间的河流并没有停止流淌。大自然在不断地创造，人类也是如此。希望我们还可以有机会把话题转向主人公那里去，看看人类是怎样在未来的时间里从真理之路上越走越远的。